"十三五"应用型本科院校系列教材/电工电子类

主编 林 春 魏洪玲

电工与电子技术实验

（第2版）

Experiment of electrical and electronic technology

哈尔滨工业大学出版社

内 容 简 介

本书由多年从事实践教学的教师编写,内容由浅入深,为应用型本科院校工科非电专业电工技术、电子技术、电工与电子技术、电工学课程配套使用的实验教程。

本书内容包括三部分:电工类实验、电子类实验和电工电子设计型实验。

本书可作为应用型本科院校工科非电类相关专业的电工技术、电子技术、电工与电子技术、电工学实验课和实验课程设计教材,也可供从事电子设计工作的工程技术人员参考。

图书在版编目(CIP)数据

电工与电子技术实验/林春,魏洪玲主编. —2 版
. —哈尔滨:哈尔滨工业大学出版社,2021.9(2024.8 重印)
ISBN 978 - 7 - 5603 - 9645 - 3

Ⅰ.①电…　Ⅱ.①林…②魏…　Ⅲ.①电工技术-实验-高等学校-教材②电子技术-实验-高等学校-教材
Ⅳ.①TM - 33②TN - 33

中国版本图书馆 CIP 数据核字(2021)第 180282 号

策划编辑　杜　燕
责任编辑　李长波
出版发行　哈尔滨工业大学出版社
社　　址　哈尔滨市南岗区复华四道街 10 号　邮编 150006
传　　真　0451 - 86414749
网　　址　http://hitpress.hit.edu.cn
印　　刷　哈尔滨市颉升高印刷有限公司
开　　本　787 mm×1092 mm　1/16　印张 10.25　字数 243 千字
版　　次　2012 年 7 月第 1 版　2021 年 9 月第 2 版
　　　　　2024 年 8 月第 3 次印刷
书　　号　ISBN 978 - 7 - 5603 - 9645 - 3
定　　价　28.00 元

序

哈尔滨工业大学出版社策划的《"十三五"应用型本科院校系列教材》即将付梓,诚可贺也。

该系列教材卷帙浩繁,凡百余种,涉及众多学科门类,定位准确,内容新颖,体系完整,实用性强,突出实践能力培养。不仅便于教师教学和学生学习,而且满足就业市场对应用型人才的迫切需求。

应用型本科院校的人才培养目标是面对现代社会生产、建设、管理、服务等一线岗位,培养能直接从事实际工作、解决具体问题、维持工作有效运行的高等应用型人才。应用型本科与研究型本科和高职高专院校在人才培养上有着明显的区别,其培养的人才特征是:①就业导向与社会需求高度吻合;②扎实的理论基础和过硬的实践能力紧密结合;③具备良好的人文素质和科学技术素质;④富于面对职业应用的创新精神。因此,应用型本科院校只有着力培养"进入角色快、业务水平高、动手能力强、综合素质好"的人才,才能在激烈的就业市场竞争中站稳脚跟。

目前国内应用型本科院校所采用的教材往往只是对理论性较强的本科院校教材的简单删减,针对性、应用性不够突出,因材施教的目的难以达到。因此亟须既有一定的理论深度又注重实践能力培养的系列教材,以满足应用型本科院校教学目标、培养方向和办学特色的需要。

哈尔滨工业大学出版社出版的《"十三五"应用型本科院校系列教材》,在选题设计思路上认真贯彻教育部关于培养适应地方、区域经济和社会发展需要的"本科应用型高级专门人才"精神,根据前黑龙江省委前书记吉炳轩同志提出的关于加强应用型本科院校建设的意见,在应用型本科试点院校成功经验总结的基础上,特邀请黑龙江省9所知名的应用型本科院校的专家、学者联合编写。

本系列教材突出与办学定位、教学目标的一致性和适应性,既严格遵照学科体系的知识构成和教材编写的一般规律,又针对应用型本科人才培养目标及与之相适应的教学特点,精心设计写作体例,科学安排知识内容,围绕应用讲授理论,做到"基础知识够用、实践技能实用、专业理论管用"。同时注意适当融入新理论、新技术、新工艺、新成果,并且制作了与本书配套的PPT多媒体教学课件,形成立体化教材,供教师参考使用。

《"十三五"应用型本科院校系列教材》的编辑出版,是适应"科教兴国"战略对复合型、应用型人才的需求,是推动相对滞后的应用型本科院校教材建设的一种有益尝试,在应用型创新人才培养方面是一件具有开创意义的工作,为应用型人才的培养提供了及时、可靠、坚实的保证。

希望本系列教材在使用过程中,通过编者、作者和读者的共同努力,厚积薄发、推陈出新、细上加细、精益求精,不断丰富、不断完善、不断创新,力争成为同类教材中的精品。

前　　言

电工与电子技术(电工学)是本科非电类专业一门非常重要的技术基础课,其特点是知识面宽、内容丰富,不但具有很强的理论性,而且具有很强的实践性和实用性,因此,与之相对应的电工与电子实验对掌握电工与电子技术起到重要作用。

本书是针对非电类专业本科生电工电子技术(电工学)实验课程教学大纲的要求而编写的教学用书。希望学生通过该课程的学习和实践,能够熟练掌握常规电子测量仪器的原理和使用方法,具备基本的电子电路的测试、调试及故障排除能力。本书通过基础性实验帮助学生理解并巩固所学的理论知识,增强学生的实践动手能力;通过综合、设计性实验培养学生综合思维和创新能力,提高学生的综合素质和工程能力;同时,非常注重计算机技术在现代电子设计中的运用。最终目的是培养学生具备电子电路和系统的分析、综合、设计能力,同时形成严谨、科学的实验态度,具有独立思考、分析问题、解决问题的能力,具有一定的创新能力。

本书根据应用型本科人才培养目标,力求做到因材施教、循序渐进,并注重能力的培养,每个实验项目体现了由浅到深、由易到难的训练思想;着眼于学生实践能力与创新能力的培养,把仿真技术的应用贯穿于实验中,实现了硬件和软件的有机结合,为学生进行开发性实验奠定了基础。

本书包括绪论及 4 章内容。绪论介绍了实验课的教学目的、意义、要求和管理规定,以及电量测量与数据处理。第 1 章介绍常用电子仪器仪表的使用,会正确使用常用电子仪器是基础实验的基本要求。重点培养学生熟练使用示波器、毫伏表、万用表。第 2 章和第 3 章分别介绍电工技术和电子技术的基本实验,共有 19 个实验题目,包括验证型实验、设计型实验和仿真实验。第 4 章电子电路综合设计,共有 6 个设计题目。这些实验主要是为了培养读者创新能力而设计的。最后附有附录。

本书由林春、魏洪玲担任主编,李强、时培胜和林金秋参编。其中林春编写第 3 章、第 4 章;魏洪玲编写第 1 章和第 2 章;李强编写附录 A;时培胜编写附录 B;林金秋编写绪论。全书由林春统稿、定稿。

书中汲取了哈尔滨工业大学电工电子国家级实验教学示范中心全体老师的许多实验教学经验。无论是实验题的确定,还是实验内容深浅的把握,这些老师都提供出了宝贵意见,在他们的帮助下,我们完成了本书的编写工作,在此向他们表示由衷的感谢。

由于编者水平有限,书中难免存在疏漏和不足,敬请读者不吝指正。

编　者
2021 年 5 月

目　　录

绪 论

0.1 实验课的教学目的和意义

电工与电子是一门实践性很强的课程,所以实验环节非常重要,它是理论联系实际的重要手段。实验的目的不仅要帮助学生巩固和加深对理论知识的理解,还要训练和培养学生的实验技能,培养学生分析和解决实际问题的能力,培养学生的独立思考能力和创新能力。

通过实验课的学习,要达到以下目的:

(1) 能正确地选择和使用常用的电工仪表、电子仪器和电工设备(如示波器、信号源、直流稳压电源、万用表、电流表、电压表、功率表等)。

(2) 能够比较熟练地进行一些不太复杂的电工电子电路的连线、调试及其测试。

(3) 能够发现和处理一些不太复杂的电子电路故障。

(4) 能应用已学的理论知识设计简单的应用电路,并通过实验验证所设计的电路。

0.2 电工电子实验课要求

为了更好地开展实验教学,提高实验效果和质量,确保实验顺利完成,提出以下几方面要求。

1. 实验课前的预习要求

学生必须认真预习实验内容和仪器使用方法,并填写实验报告中实验目的和实验原理。阅读实验教材,熟悉实验步骤,估算测试数据和实验结果。

2. 实验过程中的要求

(1) 学生应该在规定的时间内完成实验项目,避免迟到、早退和大声喧哗。

(2) 学生一旦确定实验台的位置后,不能互串位置和仪器。发现物品缺损或有故障等情况,及时通知指导实验的教师。

(3) 实验前,对照实验指导书熟悉实验设备和器材。

(4) 听教师讲解后,连接实验电路。连接实验电路必须在断开电源开关的情况下进行,连线完毕后,要认真复查,检查无误后,才能接通电源进行实验。

（5）实验操作过程中，要按照实验报告中实验步骤独立操作，在测量数据之前，要选好仪表的量程，认真记录实验数据和波形，与预习中的理论分析比较，判断实验结果是否合理。

（6）实验过程中发生设备故障、操作事故及出现异常情况时应及时切断电源，保持现场，并向实验指导教师报告。

（7）实验结束后收拾好实验台上的仪器设备，按照实验前的摆放位置摆放好。将原始记录交指导教师审阅后签字，教师检查确认实验台上仪器摆放合格后，方可离开。

3. 写实验报告要求

实验后的主要工作是写出完整的实验报告，对整个实验过程进行全面总结。实验报告要求如下：

（1）认真写实验报告，字迹清晰，保持实验报告的平整，不要乱叠。

（2）实验报告内容完整，其中包括实验目的、实验仪表、实验内容中的各种表格、数据和波形，最后还要回答思考题。

（3）不得抄袭他人的实验报告，一经发现，取消该实验项目的实验成绩。

（4）交实验报告。每个实验项目结束后的一个星期内，由学习委员收齐实验报告交到电工电子教研室。

0.3　电工电子实验课程管理规定

1. 实验课成绩计算办法

实验总成绩由每个实验的操作成绩和报告成绩加权运算得出。

2. 出勤要求

（1）无故缺席实验，记为旷课一次，本学期实验课程如有两次旷课记录，则本学期该实验课程无成绩，需下个学年重修。

（2）如因病假、事假导致实验未能按照预约时间完成，则需要出示相应证明，病假要有医院诊断书，事假要有学部一级的证明，补做实验等相关事宜需要听从实验室人员的安排。如因病假或事假导致连续 2 次未能按时完成实验课程，该实验课程则需要重修。

（3）遵守实验课的时间。如果迟到 10 min 以内，当次实验操作成绩减半，迟到 10 min 以上（含 10 min），当次实验操作成绩按 0 分计。

0.4　电量测量与数据处理

0.4.1　电量的测量

电量的测量分为直接测量和间接测量两种方法。凡是使用测量仪器能直接得出结果的测量都是直接测量，如电路实验中用电流表和电压表来测量电路的电流和电压，用示波器测量电路波形等；而间接测量是要先直接测量一些相关的量，然后通过这些量之间的内在关系经过数学运算得到测量结果。显然，直接测量是间接测量的基础，它是电路实验中的基本测量。

电工测量的任务是测定电流、电压、电功率、电阻等电工量。电工测量大多采用直接测量法,例如,用电流表测量电流。而电子测量除了要测定电压和电流外,还要测量增益、频率特性等其他电子电路性能指标,往往采用间接测量法。在电子电路中,电压是最基本的参数之一,很多物理量都可能通过测量电压来间接得到,例如,放大电路的输出电阻,就可通过测量其开路电压和负载电流得到。

1. 电工基本电量的测量

(1)电压的测量。

测量直流电压通常采用磁电系电压表,而测量交流电压通常采用电磁电压表,也可以用万用表来测量。但注意不能用万用表测量非正弦电压,也不能测量超出其频率范围的交流电压,否则都会产生较大的误差。

测量电压时,电压表与被测电路并联,注意直流电压表的"+""−"端钮一定要和被测电压的"+""−"极性对应相接,不能接反。

(2)电流的测量。

测量直流电流、交流电流通常可分别采用直流电流表和交流电流表,也可以用万用表测量。测量电流时,电流表应串联在被测电路中。若是直流电流表还要注意其"+""−"极性,应保证电路的电流从电流表标有"+"极性的端钮流入。

2. 电子基本电量的测量

(1)直流电压的测量。

用万用表的直流电压挡(DCV)或示波器可测直流电压。用示波器测量直流电压的方法如下:

①选择零电平参考基准线。将 Y 轴输入耦合方式开关置"GND",调节 Y 轴位移旋钮,使扫描线对准屏幕某一条水平线,则该水平线为零电平参考基准线。

②再将耦合方式开关置"DC"位置,灵敏度微调旋钮置"校准"位置,测出偏移格数。

③接入被测直流电压,调节灵敏度旋钮,使扫描线处于适当高度位置。

④读取扫描线在 Y 轴方向偏移零电平参考基准线的格数,则被测直流电压为

$$V = 偏移格数 \times (V/\text{div})$$

(2)交流电压的测量。

可用万用表的交流电压挡(ACV)测交流电压。

晶体管毫伏表是测量交流电压的一种常用仪器。与万用表相比,它的输入阻抗高、量程范围大、频率范围宽。晶体管和万用表都可测量正弦交流电压的有效值,若测非正弦电压,则误差很大。

用示波器测量交流电压,操作步骤与上述测直流电压时只有一个不同,就是测量时应将输入耦合置 AC 交流挡。

(3)时间和频率的测量。

时间测量包括周期性信号的周期、脉冲信号的宽度、时间间隔、上升时间、下降时间等。一般用示波器进行时间测量。

通过测量物理量的周期来测量频率。一般在实验室中采用示波器测量。

（4）电压增益及频率特性的测量。

① 电压增益的测量。增益是网络传输特性的重要参数。电压增益 $\dot{A}_u$ 定义为输出电压 $\dot{U}_o$ 与输入电压 $\dot{U}_i$ 的比值，即

$$\dot{A}_u = \frac{\dot{U}_o}{\dot{U}_i}$$

分别测量出输出电压和输入电压的大小，即可计算出电压增益 $\dot{A}_u$。

② 频率特性的测量。放大电路的典型幅频特性曲线如图0.1所示，该曲线大致分为三个区域：在中频区，增益 $|A_u|$ 基本不变（与频率几乎无关），其值用 $|A_{um}|$ 表示。在高频区，增益 $|A_u|$ 随频率的升高而下降。在低频区，电压增益随频率的下降而下降。当电压增益下降到 $|A_{um}|/\sqrt{2}$ 时，对应

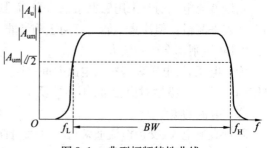

图 0.1　典型幅频特性曲线

的频率分别称为上限截止频率和下限截止频率，分别用 f_H 和 f_L 表示。f_H 与 f_L 之间的频率范围称为通频带，通常用 BW 表示，即

$$BW = f_H - f_L$$

一般 $f_H \gg f_L$，所以 $BW \approx f_H$。

测量幅频特性曲线的常用方法有逐点法。将信号源加至被测电路的输入端，保持输入电压幅度不变，改变信号的频率，用示波器或毫伏表等仪器测量电路的输出电压。将所测各频率点的电压增益绘制成曲线，即为被测电路电压增益的幅频特性曲线。为了节省时间且又能准确地描绘出测试曲线，在中频区曲线平滑的地方可以少测几点，而在曲线变化较大的地方应多测几点。

0.4.2　数据的处理

测量的结果一般用数字或曲线图表示，测量结果的处理就是要对实验中所测得的数据进行分析，以便得出正确的结论。

1. 测量结果的数字处理

在记录原始数据时应保持相同的有效位数，实验后整理实验数据时，重新统一有效数据位数，将多余位舍去，不足位补齐。

2. 测量结果的记录

测量结果的记录有列表法和曲线法。

列表法是将测量结果以表格的形式记录下来，这一方法适用于原始数据的记录和处理，易于寻找规律。

曲线法是用坐标曲线的形式表示测量结果的一种方法，比较直观形象，能够显示出数据的最大值、最小值、转折点、周期性等。用曲线来表示电路的某种特性时，要特别注意坐标系的完备性，即标明坐标轴的方向、原点、刻度、变量和单位等反映曲线性质的相关信息。

第1章

常用电子仪器仪表的使用

1.1 ZDD – 01C1 三相交流电源

1. 面板介绍

① 电源为三相四线制连接,提供 0 ~ 380 V 电压。

② 熔断器座放置 8 A 保险丝管,对供电电路起短路保护作用,防止电流过大烧毁供电设备。

③ ZDD – 01C1 三相交流电源面板界面如图 1.1 所示。

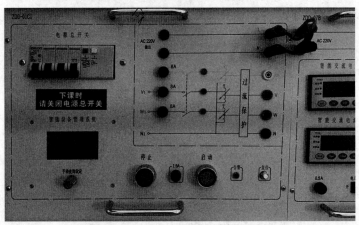

图 1.1　ZDD – 01C1 三相交流电源面板界面

2. 使用说明

① 第一次使用时,需将三相交流电源模块背面接有三相四芯插头的电源线,接通三相四线 380 V 交流电。

② 把面板上的电源总开关(三相漏电保护器)拨至 ON,智能设备管理系统得电。

③ 智能设备管理系统控制电源模块面板上的电源输出,既可以通过教师机远程控制,也可以通过管理系统输入密码进行本地控制。智能设备管理系统允许上电后,才能启动三相交流电源,否则无法启动。

④ 智能设备管理系统允许上电后,按下"启动"按钮(绿色),红色按钮灯灭,绿色按钮灯亮,同时可听到机箱内交流接触器的瞬间吸合声,面板上与 U_1、V_1 和 W_1 相对应的黄、绿、红三个 LED 指示灯亮。面板上 L 和 N 对应的端口有 AC 220 V 电压输出,用于给其他实验挂箱供电(相邻挂箱的 L 与 L、N 与 N 分别相连)。此时实验台电源启动完成。

注意:三相交流电源的 U_1、V_1 和 W_1 设有 8 A 保险丝座,当启动电源后,对应的黄、绿、红三个 LED 指示灯不亮时,可以旋下保险丝座帽,观察保险丝是否断开,如断开,请及时更换。

⑤ 实验台电源启动后,顺时针旋转三相调压器黑色手柄,面板上 U、V 和 W 对应的端口与 N 之间有 0 ~ 250 V 的交流电源输出。

注意:交流可调电源用完后,要把黑色手柄逆时针旋转到底,即输出为零,然后按下停止按钮,关掉交流电源。

⑥ 三相交流电源模块设有各种保护,比如过流保护、漏电保护等,当实验台遇到故障或者学生操作错误时,会发出告警信号(机箱内蜂鸣器响,面板上的红色"告警"灯亮),并切断交流电源,此时可以按下面板上的"复位"按钮,排除故障后可重新启动。

1.2 ZDD - 03B 直流可调电源

1. 面板介绍

ZDD - 03B 直流可调电源面板界面如图 1.2 所示。

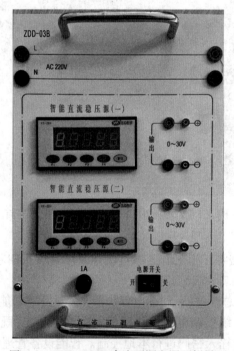

图 1.2 ZDD - 03B 直流可调电源面板界面

2. 使用说明

　　① 实验台启动后,面板上部的 L 和 N 接通 AC 220 V,打开"电源开关",两路直流稳压电源即可工作。

　　② 高精度可控恒压恒流输出 0 ~ 30.5 V,电压 4 位显示,最小分辨率为 10 mV;5 位 LED 数码管显示,第一位显示功能码,后 4 位显示设定电压值;提供有 F1、F2、F3、F4、复位五个按键,F1 ~ F4 有单独按键功能和组合按键功能,通过按键设定输出电压;仪表自动监测负载电流,具有输出短路、过载保护功能。两路稳压源可组合构成 0 ~ ±30 V 或 0 ~ ±60 V 电源。

1.3　ZDD － 04A 低压直流电源

1. 面板介绍

ZDD － 04A 低压直流电源面板界面如图 1.3 所示。

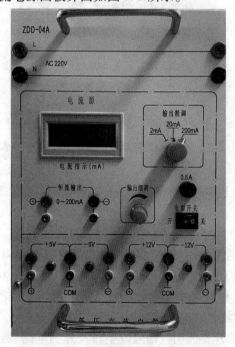

图 1.3　ZDD － 04A 低压直流电源面板界面

2. 使用说明

　　实验台启动后,面板上部的 L 和 N 接通 AC 220 V,打开"电源开关",0 ~ 200 mA 恒流源和 ±12 V、±5 V 直流稳压电源即可工作。

　　(1) 恒流源的输出与调节。

　　将负载接至"恒流输出"两端,开启电源开关,数显表即指示输出电流之值。调节"输出粗调"波段开关和"输出细调"多圈电位器旋钮,可在三个量程段(满度为 2 mA、20 mA 和 200 mA)连续调节输出的恒流电流值。

　　注意:当输出口接有负载时,如果需要将"输出粗调"波段开关从低挡向高挡切换,则应将"输出细调"旋钮调至最低(逆时针旋到头),再拨动"输出粗调"开关。否则会使输出电流突增,可能导致负载器件损坏。

(2) 打开电源开关,±12 V 和 ±5 V 即可使用,并有发光二极管指示。

1.4 ZDD－05A 函数信号发生器／数字频率计

1. 面板介绍

ZDD－05A 函数信号发生器／数字频率计面板界面如图 1.4 所示。

图 1.4 ZDD－05A 函数信号发生器／数字频率计面板界面

2. 使用说明

实验台启动后,面板上部的 L 和 N 接通 AC 220 V,打开"电源开关",函数信号发生器和频率计即可工作。

(1) 六位数显频率计。

本频率计的测量范围为 1 Hz ~ 10 MHz,有六位共阴极 LED 数码管予以显示。将频率计处开关(内测／外测)置于"内测",即可测量"函数信号发生器"本身的信号输出频率。将开关置于"外测",则频率计显示由"输入"插口输入的被测信号的频率。

(2) 函数信号发生器。

本信号发生器是由单片集成函数信号发生器及外围电路,数字电压指示及功率放大电路等组合而成。其输出频率范围为 2 Hz ~ 2 MHz,可输出正弦波、方波、三角波,共三种波形,由琴键开关切换选择,输出频率分七个频段选择,还设有三位 LED 数码管显示其输出幅度(峰－峰值)。

输出衰减分 0、20、40、60 dB 四挡,由两个"衰减"按键选择。

20 dB 按键	40 dB 按键	衰减值／dB
弹起	弹起	0
按下	弹起	20
弹起	按下	40
按下	按下	60

电压指示用于指示函数信号发生器输出幅度(峰－峰值)。

1.5　ZDD－06B智能直流电压、电流表

1. 面板介绍

ZDD－06B智能直流电压、电流表面板界面如图1.5所示。

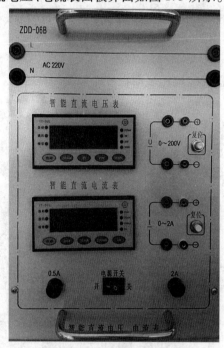

图1.5　ZDD－06B智能直流电压、电流表面板界面

2. 使用说明

实验台启动后,面板上部的L和N接通AC 220 V,打开"电源开关",智能直流电压表和电流表即可工作。

(1)智能直流电压表。

测量范围为0～200 V,5位LED显示,测量精度为0.5级,设有6个LED工作状态指示灯。具有"自动"换挡测量和"手动"换挡测量两种工作模式,"手动"模式时分200 mV、2 V、20 V、200 V四挡,"自动"模式时程序会自动判断并进入相应量程挡位。每挡均有超量程告警功能。当发生超量程告警时,可以按下"复位"按钮。

A:被测表不能超过规定测量范围。

B:将电压表按照正确极性并联在被测电路两端测量。

(2)智能直流电流表。

测量范围为0～2 A,5位LED显示,测量精度为0.5级,设有6个LED工作状态指示灯。具有"自动"换挡测量和"手动"换挡测量两种工作模式,"手动"模式时分2 mA、20 mA、200 mA、2 A四挡,"自动"模式时程序会自动判断并进入相应量程挡位。每挡均

有超量程告警功能。当发生超量程告警时,可以按下"复位"按钮。

注:面板上的2 A保险丝和直流电流表输入口相串联,防止大于2 A的电流接入,损坏直流电流表。

A:被测表不能超过规定测量范围。

B:将电流表按照正确极性串联在被测电路中进行测量。

1.6 ZDD – 07B 智能交流电压、电流表

1. 面板介绍

ZDD – 07B 智能交流电压、电流表面板界面如图1.6所示。

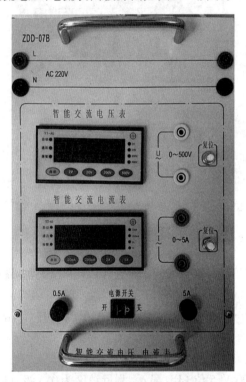

图1.6 ZDD – 07B 智能交流电压、电流表面板界面

2. 使用说明

实验台启动后,面板上部的L和N接通AC 220 V,打开"电源开关",智能交流电压表和电流表即可工作。

(1)智能交流电压表。

测量范围为0 ~ 500 V,5位LED显示,测量精度为0.5级,设有6个LED工作状态指示灯。具有"自动"换挡测量和"手动"换挡测量两种工作模式,"手动"模式时分2 V、20 V、200 V、500 V四挡,"自动"模式时程序会自动判断并进入相应量程挡位。每挡均有超量程告警功能;工作环境温度为 – 20 ~ 70 ℃;湿度为30% ~ 85% RH(无结露)。当发生超量程告警时,可以按下"复位"按钮。

（2）智能交流电流表。

测量范围为 0 ~ 5 A,5 位 LED 显示,测量精度为 0.5 级,设有 6 个 LED 工作状态指示灯。具有"自动"换挡测量和"手动"换挡测量两种工作模式,"手动"模式时分 20 mA、200 mA、2 A、5 A 四挡,"自动"模式时程序会自动判断并进入相应量程挡位。每挡均有超量程告警功能;工作环境温度为 - 20 ~ 70 ℃;湿度为30% ~ 85% RH(无结露)。当发生超量程告警时,可以按下"复位"按钮。

注:面板上的 5 A 保险丝和交流电流表输入口相串联,防止大于 5 A 的电流接入,损坏交流电流表。

1.7　ZDD - 10 电路创新模块

电路创新模块由挂板和实验模块组成,挂板用来插实验模块。

实验模块由透明元件盒及 PCB 板构成,元件盒是组合式透明元件盒,元件盒体由透明有机工程塑料注塑而成,能看到元器件,有利于教师讲解和学生认识;器件和信号接口均已引至板上的专用插座,实验模块有四个弹性插脚,与专用实验挂板配套使用;提供电阻器、电位器、电流插座等创新模块,具有积木搭接功能,能搭建戴维南定理的验证实验电路。

其中电流插座可用于三相交流电路实验,实验时需要用4#转3#连接导线和电流插头线进行连接。

具体模块配置见表1.1。

表 1.1　具体模块配置

序号	产品名称	产品规格	产品型号	数量
1	RJ 金属膜电阻(2 W)	330 Ω	R02	1
		470 Ω		
		510 Ω		
2	RJ 金属膜电阻(2 W)	330 Ω	R03	1
		510 Ω		
		680 Ω		
3	RJ 金属膜电阻(1 W)	1 Ω	R08	1
		4.7 Ω		
		10 Ω		
		27 Ω		
4	WH 碳膜电位器	1 kΩ(0.5 W)	RP3	1
5	WX 线绕电位器	4.7 kΩ(0.5 W)	RP5	1
6	电流插座		SW	3

1.8　函数信号发生器

1. 面板介绍

函数信号发生器面板界面如图 1.7 所示。

图 1.7　函数信号发生器面板界面

2. 使用说明

（1）主要功能。

函数信号发生器具有 3.5 in(英寸,1 in = 2.54 cm) 彩色 TFT 液晶屏,显示界面清晰美观,中文菜单,操作方便;采用先进的直接数字合成(DDS)技术,频率精度高、分辨率高;具有脉冲信号源的功能,可独立设置精确的脉冲周期和脉冲宽度;具有谐波信号源的功能,可产生基波和多次谐波,二者相位差可调;双路输出,两路信号可独立输出,也可线性相加输出;屏幕显示输出信号的波形示意图及多种工作参数;标准配置 USB 接口,可选 GPIB 或 RS232 接口,频率计数器,功率放大器;机箱尺寸为 254 mm × 100 mm × 340 mm,质量为 3 kg。

（2）主要技术指标（表 1.2）。

表 1.2　主要技术指标

型号	通道	频率范围	输出波形	技术指标
TFG6010	A 路	40 μHz ~ 10 MHz	正弦波,方波,脉冲波,TTL,直流	波形长度:16 000
TFG6020		40 μHz ~ 20 MHz		波形幅度量化:10 bit
				采样速率:180 MSa/s
TFG6030		40 μHz ~ 30 MHz		正弦波失真率: < 0.5%
TFG6040		40 μHz ~ 40 MHz		方波,脉冲波升降时间: < 20 ns
				脉冲波占空比:0.01% ~ 99.99%
TFG6050		40 μHz ~ 50 MHz		频率分辨率:40 μHz
				幅度范围:0 ~ 20 Vpp
TFG6060		40 μHz ~ 60 MHz		幅度分辨率:2 mVpp
TFG6010	B 路	10 mHz ~ 1 MHz	正弦波,方波,三角波,锯齿波,指数,对数,噪声等22种波形	波形长度:1 024
TFG6020				波形幅度量化:8 bit
TFG6030				频率分辨率:10 mHz
TFG6040				幅度范围:0 ~ 20 Vpp
TFG6050				幅度分辨率:20 mVpp
TFG6060				

（3）操作说明（图1.8）。

本信号发生器有 A、B 两路输出，A 路小信号比较清晰，B 路小信号差一些。

A 路只有方波、正弦波、脉冲波三种波形。

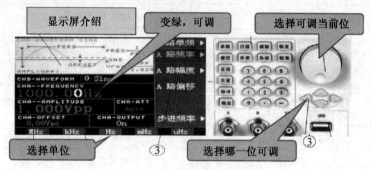

图 1.8　函数发生器功能界面

右侧常用按钮：

①【单频】：A、B 路的切换。

②【输出】：波形"输出／关闭"开关，屏幕右下方显示"on"有波形输出，显示"off"无波形，这时应按一下"输出"按钮。

五个面中，显示绿色的选项表示 ，可更改此项值。

①"A 路频率"和"周期"的切换：如改变 A 路频率，可从右侧数字键盘直接输入数字，再按屏幕下方对应的单位确认。

②"A 路频率"和"衰减"的切换："A 路幅度"项屏幕下方有 4 个单位，分别为 Vpp，mVpp——峰－峰值；Vrms，mVrms——有效值。

③细调"频率"或"幅度"可以旋转右上角按钮，按钮选择某一位可调。

1.9　DS2202 示波器

1. 面板介绍

示波器面板界面如图1.9所示。前面板功能键说明见表1.3。

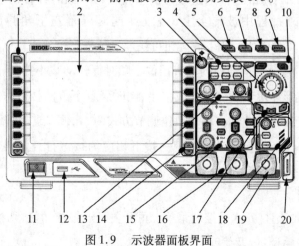

图 1.9　示波器面板界面

表 1.3　前面板功能键说明

编号	说明	编号	说明
1	测量菜单操作	11	电源键
2	LCD	12	USB HOST 接口
3	多功能旋钮	13	水平控制区
4	功能菜单键	14	功能菜单设置软键
5	导航旋钮	15	垂直控制区
6	全部清除键	16	模拟通道输入区
7	波形自动显示	17	波形录入／回放控制键
8	运行／停止控制键	18	触发控制区
9	单次触发控制键	19	外触发输入端
10	内置帮助／打印键	20	探头补偿信号输出端／接地端

2. 使用说明

（1）垂直控制。

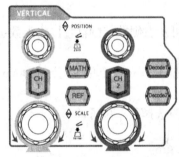

$\boxed{\text{CH1}}$、$\boxed{\text{CH2}}$：模拟输入通道。2 个通道标签用不同颜色标识，并且屏幕中的波形和通道输入连接器的颜色也与之对应。按下任一按键打开相应通道菜单，再次按下关闭通道。

$\boxed{\text{MATH}}$：按下该键打开数学运算菜单。可进行加、减、乘、除、FFT、逻辑、高级运算。

$\boxed{\text{REF}}$：按下该键打开参考波形功能。可将实测波形和参考波形进行比较，以判断电路故障。

垂直 POSITION：修改当前通道波形的垂直位移。顺时针转动增大位移，逆时针转动减小位移。修改过程中波形会上下移动，同时屏幕左下角弹出的位移信息（如 $\boxed{\text{POS:930.0 mV}}$）实时变化。按下该旋钮可快速复位垂直位移。

垂直 SCALE：修改当前通道的垂直挡位。顺时针转动减小挡位，逆时针转动增大挡位。修改过程中波形显示幅度会增大或减小，同时屏幕下方的挡位信息（如 $\boxed{\text{500 mV}}$）实时变化。按下该旋钮可快速切换垂直挡位调节方式为"粗调"或"微调"。

$\boxed{\text{Decode1}}$、$\boxed{\text{Decode2}}$：解码功能按键。按下相应的按键打开解码功能菜单。DS2000 数字示波器支持并行解码和协议解码。

（2）水平控制。

$\boxed{\text{MENU}}$：按下该键打开水平控制菜单。可开关延迟扫描功能，切换不同的时基模式，切换挡位的微调或粗调，以及修改水平参考设置。

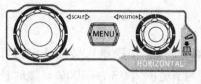

水平 SCALE：修改水平时基。顺时针转动减小时基，逆时针转动增大时基。修改过程中，所有通道的波形被扩展或压缩显示，同时屏幕上方的时基信息（如 H 5.000 ns ）实时变化。按下该旋钮可快速切换至延迟扫描状态。

　　水平 POSITION：修改触发位移。转动旋钮时触发点相对屏幕中心左右移动。修改过程中，所有通道的波形左右移动，同时屏幕右上角的触发位移信息（如 D 5.80000000 ns ）实时变化。按下该旋钮可快速复位触发位移（或延迟扫描位移）。

　　（3）触发控制。

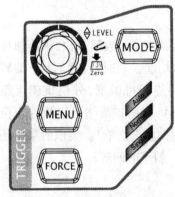

MODE ：按下该键切换触发方式为 Auto、Normal 或 Single，当前触发方式对应的状态背灯会变亮。

　　触发 LEVEL：修改触发电平。顺时针转动增大电平，逆时针转动减小电平。修改过程中，触发电平线上下移动，同时屏幕左下角的触发电平消息框（如 Trig Level：1.88 V ）中的值实时变化。按下该旋钮可快速将触发电平恢复至零点。

MENU ：按下该键打开触发操作菜单。本示波器提供丰富的触发类型。

FORCE ：在 Normal 和 Single 触发方式下，按下该键将强制产生一个触发信号。

　　（4）全部清除。

按下该键清除屏幕上所有的波形。如果示波器处于"RUN"状态，则继续显示新波形。

　　（5）运行控制。

按下该键将示波器的运行状态设置为"运行"或"停止"。
"运行"状态下，该键黄灯点亮。"停止"状态下，该键红灯点亮。

　　（6）单次触发。

按下该键将示波器的触发方式设置为"Single"。单次触发方式下，按 FORCE 键立即产生一个触发信号。

　　（7）波形自动显示。

按下该键启用波形自动设置功能。示波器将根据输入信号自动调整垂直挡位、水平时基以及触发方式，使波形显示达到最佳状态。注意：应用自动设置要求被测信号的频率不小于 50 Hz，占空比大于 1%，且幅度至少为 20 mVpp。 如果超出此参数范围，按下该键后会弹出"Auto 失败！"消息框，菜单可能不显示快速参数测量功能。

（8）多功能旋钮。

调节波形亮度：非菜单操作时（菜单隐藏），转动该旋钮可调整波形显示的亮度。亮度可调节范围为 0% ～ 100%。顺时针转动增大波形亮度，逆时针转动减小波形亮度。按下旋钮将波形亮度恢复至 50%。也可按 Display → 波形亮度，使用该旋钮调节波形亮度。

多功能旋钮（操作时，背灯变亮）：菜单操作时，按下某个菜单软键后，转动该旋钮可选择该菜单下的子菜单，然后按下旋钮可选中当前选择的子菜单。还可以用于修改参数、输入文件名等。

（9）导航旋钮。

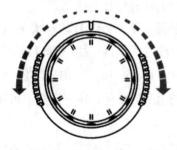

对于某些可设置范围较大的数值参数，该旋钮提供了快速调节／定位的功能。顺时针（逆时针）旋转增大（减小）数值；内层旋钮可微调，外层旋钮可粗调。例如，在回放波形时，使用该旋钮可以快速定位需要回放的波形帧（"当前帧"菜单）。类似的菜单还有：触发释抑、脉宽设置、斜率时间等。

（10）功能菜单。

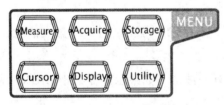

Measure：按下该键进入测量设置菜单。可设置测量设置、全部测量、统计功能等。按下屏幕左侧的 MENU，可打开 22 种波形参数测量菜单，然后按下相应的菜单软键快速实现"一键"测量，测量结果将出现在屏幕底部。

Acquire：按下该键进入采样设置菜单。可设置示波器的获取方式、存储深度和抗混叠功能。

Storage：按下该键进入文件存储和调用界面。可存储的文件类型包括：轨迹存储、波形存储、设置存储、图像存储和 CSV 存储。支持内、外部存储和磁盘管理。

Cursor：按下该键进入光标测量菜单。示波器提供手动测量、追踪测量和自动测量三种光标模式。

Display：按下该键进入显示设置菜单。设置波形显示类型、余辉时间、波形亮度、屏幕网格、网格亮度和菜单保持时间。

Utility：按下该键进入系统功能设置菜单。设置系统相关功能或参数，例如接口、扬声器、语言等。此外，还支持一些高级功能，例如通过／失败测试、波形录制和打印设置等。

(11) 波形录制。

录制:按下该键开始波形录制,按键背灯为红色。此外,打开录制常开模式时,该按键背灯点亮。

回放 / 暂停:在停止或暂停的状态下,按下该键回放波形,再次按下该键暂停回放,按键背灯为黄色。

停止:按下该键停止正在录制或回放的波形,按键背灯为橙色。

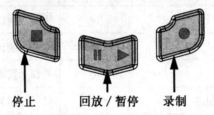

停止　　回放 / 暂停　　录制

(12) 打印。

按下该键执行打印功能或将屏幕保存在 U 盘中,若当前已连接 PictBridge 打印机,并且打印机处于闲置状态,按下该键将执行打印功能。若当前未连接打印机,但连接 U 盘,按下该键则将屏幕图形以".bmp"格式保存到 U 盘中。同时连接打印机和 U 盘时,打印机优先级较高。

1.10　DS1000Z – E 系列数字示波器

1.面板介绍

DS1000Z – E 系列数字示波器面板如图 1.10 所示。前面板功能键说明见表 1.4。

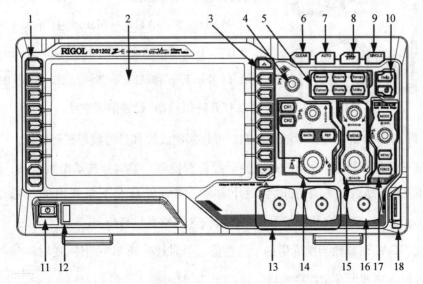

图 1.10　DS1000Z – E 系列数字示波器面板图

表1.4　前面板功能键说明

编号	说明	编号	说明
1	测量菜单操作	10	内置帮助／打印键
2	LCD	11	电源键
3	功能菜单操作键	12	USB Host 接口
4	多功能旋钮	13	模拟通道输入
5	常用操作键	14	垂直控制区
6	全部清除键	15	水平控制区
7	波形自动显示	16	外部触发输入
8	运行／停止控制键	17	触发控制区
9	单次触发控制键	18	探头补偿信号输出端／接地端

2. 使用说明

（1）前面板功能概述。

① 垂直控制。

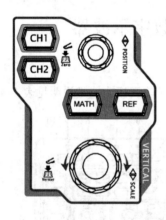

$\boxed{\text{CH1}}$、$\boxed{\text{CH2}}$：模拟通道设置键。2 个通道标签用不同颜色标识，并且屏幕中的波形和通道输入连接器的颜色也与之对应。按下任一按键打开相应通道菜单，再次按下关闭通道。

$\boxed{\text{MATH}}$：按 $\boxed{\text{MATH}}$ → Math 可打开 A＋B、A－B、A×B、A/B、FFT、A&&B、A‖B、A^B、! A、Intg、Diff、Sqrt、Lg、Ln、Exp 和 Abs 等多种运算。按下 $\boxed{\text{MATH}}$ 还可以打开解码菜单，设置解码选项。

$\boxed{\text{REF}}$：按下该键打开参考波形功能。可将实测波形和参考波形进行比较。

垂直 POSITION：修改当前通道波形的垂直位移。顺时针转动增大位移，逆时针转动减小位移。修改过程中波形会上下移动，同时屏幕左下角弹出的位移信息（如 $\boxed{\text{POS:216.0 mV}}$）实时变化。按下该旋钮可快速将垂直位移归零。

垂直 SCALE：修改当前通道的垂直挡位。顺时针转动减小挡位，逆时针转动增大挡位。修改过程中波形显示幅度会增大或减小，同时屏幕下方的挡位信息（如 $\boxed{\text{200 mV}}$）实时变化。按下该旋钮可快速切换垂直挡位调节方式为"粗调"或"微调"。

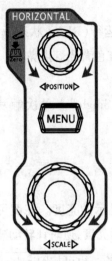

② 水平控制。

水平 POSITION：修改水平位移。转动旋钮时触发点相对屏幕中心左右移动。修改过程中,所有通道的波形左右移动, 同时屏幕右上角的水平位移信息（如 $\boxed{\text{D} - 200.000000 \text{ ns}}$ ）实时变化。按下该旋钮可快速复位水平位移(或延迟扫描位移)。

$\boxed{\text{MENU}}$：按下该键打开水平控制菜单。可开关延迟扫描功能,切换不同的时基模式。

水平 SCALE：修改水平时基。顺时针转动减小时基,逆时针转动增大时基。修改过程中,所有通道的波形被扩展或压缩显示,同时屏幕上方的时基信息(如 $\boxed{\text{H } 500 \text{ ns}}$)实时变化。按下该旋钮可快速切换至延迟扫描状态。

③ 触发控制。

$\boxed{\text{MODE}}$：按下该键切换触发方式为 Auto、Normal 或 Single,当前触发方式对应的状态背光灯会变亮。

触发 LEVEL：修改触发电平。顺时针转动增大电平,逆时针转动减小电平。修改过程中,触发电平线上下移动,同时屏幕左下角的触发电平消息框(如 $\boxed{\text{Trig level}: 423 \text{ nV}}$) 中的值实时变化。按下该旋钮可快速将触发电平恢复至零点。

$\boxed{\text{MENU}}$：按下该键打开触发操作菜单。本示波器提供丰富的触发类型,详见《DS1000Z - E 用户手册》中的介绍。

$\boxed{\text{FORCE}}$：按下该键将强制产生一个触发信号。

④ 全部清除。

　　　　按下该键清除屏幕上所有的波形。如果示波器处于"RUN"状态,则继续显示新波形。

⑤ 波形自动显示。

　　　　按下该键启用波形自动设置功能。示波器将根据输入信号自动调整垂直挡位、水平时基以及触发方式,使波形显示达到最佳状态。

注意:应用波形自动设置功能时,若被测信号为正弦波,要求其频率不小于 41 Hz;若被测信号为方波,则要求其占空比大于 1% 且幅度不小于 20 mVpp。如果不满足此参数条件,则波形自动设置功能可能无效,且菜单显示的快速参数测量功能不可用。

⑥ 运行控制。

按下该键"运行"或"停止"波形采样。运行(RUN)状态下,该键黄色背光灯点亮;停止(STOP)状态下,该键红色背光灯点亮。

⑦ 单次触发。

按下该键将示波器的触发方式设置为"Single"。单次触发方式下,按 FORCE 键立即产生一个触发信号。

⑧ 多功能旋钮。

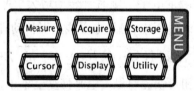

调节波形亮度:

非操作时,转动该旋钮可调整波形显示的亮度。亮度可调节范围为 0 ~ 100% 。顺时针转动增大波形亮度,逆时针转动减小波形亮度。按下旋钮将波形亮度恢复至60% 。也可按 Display → 波形亮度,使用该旋钮调节波形亮度。

多功能:菜单操作时,该旋钮背光灯变亮,按下某个菜单软键后,转动旋钮可选择该菜单下的子菜单,然后按下旋钮可选中当前选择的子菜单。该旋钮还可以用于修改参数(具体请参考"参数设置方法"中的详细介绍)、输入文件名等。

⑨ 功能菜单。

Measure :按下该键进入测量设置菜单。可设置测量信源、打开或关闭频率计、全部测量、统计功能等。按下屏幕左侧的 MENU ,可打开 37 种波形参数测量菜单,然后按下相应的菜单软键快速实现"一键"测量,测量结果将出现在屏幕底部。

Acquire :按下该键进入采样设置菜单。可设置示波器的获取方式和存储深度。

Storage :按下该键进入文件存储和调用界面。可存储的文件类型包括图像存储、轨迹存储、波形存储、设置存储、CSV 存储和参数存储。支持内、外部存储和磁盘管理。

Cursor :按下该键进入光标测量菜单。示波器提供手动、追踪、自动和 XY 四种光标模式。其中,XY 模式仅在时基模式为"XY"时有效。

Display :按下该键进入显示设置菜单。设置波形显示类型、余辉时间、波形亮度、屏幕网格和网格亮度。

Utility :按下该键进入系统功能设置菜单。设置系统相关功能或参数,例如接口、声音、语言等。此外,还支持一些高级功能,例如通过 / 失败测试、波形录制等。

⑩ 打印。

按下该键打印屏幕或将屏幕保存到 U 盘中。

若当前已连接 PictBridge 打印机,并且打印机处于闲置状态,按下该键将执行打印功能。

若当前未连接打印机,但连接 U 盘,按下该键则将屏幕图形以指定格式保存到 U 盘中。

若同时连接打印机和 U 盘,则打印机优先级较高。

(2) 用户界面(图 1.11)。

DS1000Z - E 示波器提供 7.0 英寸 WVGA(800 × 480)TFT LCD。

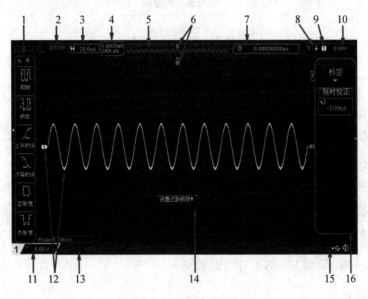

图 1.11　用户界面

1— 自动测量选项;2— 运行状态;3— 水平时基;4— 采样率/存储深度;5— 波形存储;6— 触发位置;7— 水平位移;8— 触发类型;9— 触发源;10— 触发电平;11—CH1 垂直挡位;12— 模拟通道标记/波形;13—CH2 垂直挡位;14— 消息框;15— 通知区域;16— 操作菜单

① 调整位置。

DS1000Z - E 示波器提供 20 种水平(HORIZONTAL) 测量参数和 17 种垂直(VERTICAL) 测量参数。按下屏幕左侧的软键即可打开相应的测量项。连续按下 MENU 键,可切换水平和垂直测量参数。

② 运行状态。

可能的运行状态包括:RUN(运行)、STOP(停止)、TD(已触发)、WAIT(等待) 和 AUTO(自动)。

③ 水平时基。

水平时基表示屏幕水平轴上每格所代表的时间长度。使用**水平 SCALE** 可以修改该参数,可设置范围为 5 ns ~ 50 s。

④ 采样率/存储深度。

显示当前示波器使用的采样率以及存储深度。采样率和存储深度会随着水平时基的变化而改变。

⑤ 波形存储。

提供当前屏幕中的波形在存储器中的位置示意图,如图 1.12 所示。

图 1.12 当前屏幕中的波形在存储器中的位置示意图

⑥ 触发位置。

DS1000Z - E 示波器显示波形存储器和屏幕中波形的触发位置。

⑦ 水平位移。

使用**水平 POSITION** 可以调节该参数。按下旋钮时参数自动设置为 0。

⑧ 触发类型。

显示当前选择的触发类型及触发条件设置。选择不同触发类型时显示不同的标识。例如,⬥表示在"边沿触发"的上升沿处触发。

⑨ 触发源。

显示当前选择的触发源(CH1、CH2、AC 或 EXT)。选择不同触发源时,显示不同的标识,并改变触发参数区的颜色。

例如,①表示选择 CH1 作为触发源。

⑩ 触发电平。

触发信源选择模拟通道时,需要设置合适的触发电平。屏幕右侧的 T 为触发电平标记,右上角为触发电平值。使用**触发 LEVEL** 修改触发电平时,触发电平值会随 T 的上下移动而改变。

注意:斜率触发、欠幅脉冲触发和超幅触发时,有两个触发电平标记(T1 和 T2)。

⑪CH1 垂直挡位。

显示屏幕垂直方向 CH1 每格波形所代表的电压。按 CH1 选中 CH1 通道后,使用**垂**

直 SCALE 可以修改该参数。此外还会根据当前的通道设置给出如下标记:通道耦合(如 ▦)、带宽限制(如 ❸)。

⑫ 模拟通道标记／波形。

不同通道用不同的颜色表示,通道标记和波形的颜色一致。

⑬CH2 垂直挡位。

显示屏幕垂直方向 CH2 每格波形所代表的电压。按 CH2 选中 CH2 通道后,使用**垂直 SCALE** 可以修改该参数。此外还会根据当前的通道设置给出如下标记:通道耦合(如 ▦)、带宽限制(如 ❸)。

⑭ 消息框。

消息框显示提示消息。

⑮ 通知区域。

通知区域显示声音图标和 U 盘图标。

声音图标:按 Utility → 声音 可以打开或关闭声音。声音打开时,该区域显示 ◀,声音关闭时,显示 ◀×。

U 盘图标:当示波器检测到 U 盘时,该区域显示 ⟷。

⑯ 操作菜单。

按下任一软键可激活相应的菜单。下面的符号可能显示在菜单中:

↻ 表示可以旋转多功能旋钮 ↺ 修改参数值。多功能旋钮 ↺ 的背光灯在参数修改状态下变亮。

↻ 表示可以旋转多功能旋钮 ↺ 选择所需选项,当前选中的选项显示为蓝色,按下 ↺ 进入所选项对应的菜单栏。带有该符号的菜单被选中后, ↺ 的背光灯常亮。

▦ 表示按下 ↺ 将弹出数字键盘,可直接输入所需的参数值。带有该符号的菜单被选中后, ↺ 的背光灯常亮。

◀ 表示当前菜单有若干选项。

▼ 表示当前菜单有下一层菜单。

◀ 按下该键可以返回上一级菜单。

┇ 圆点数表示当前菜单的页数。

1.11　DF2170C 交流毫伏表

DF2170C 交流毫伏表的面板如图 1.13 所示。

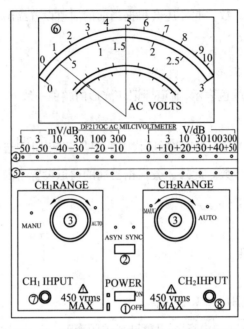

图 1.13　DF2170C 交流毫伏表的面板示意图

1. 面板介绍

① 电源开关。按下接通电源,指示灯亮。

② 独立、同步开关。两路测试通道,既可以作为两台独立电压表使用,也可以作为同步电压表使用。当处于 ASYN 状态时,ASYN 指示灯亮,此时毫伏表为独立作用;当处于 SYNC 状态时,SYNC 指示灯亮,此时毫伏表为同步作用。

③ 电压量程选择旋钮。旋钮可以按下,用来调节 MANU 或 AUTO 模式,当旋钮左侧指示灯 MANU 亮起时,毫伏表处于手动状态,此时不同量程由指示灯标定,可以手动调节;当旋钮右侧指示灯 AUTO 亮起时,毫伏表处于自动状态,此时不同量程由指示灯标定,量程由毫伏表自动调节。

④ 通道一量程指示。蓝颜色条状指示带,绿色指示灯亮起时对应即为量程。

⑤ 通道二量程指示。黄颜色条状指示带,绿色指示灯亮起时对应即为量程。

⑥ 表盘。表盘具有两个指针,黑色指针指示左通道电压测量值,红色指针指示右通道电压测量值。表盘上有 4 条刻度线,当电压量程为 1、10、100 时,读第一条刻度线读数;当电压量程数值为 3、30、300 时,读第二条刻度线读数。

若选择测量电压增益,则读取第三、四条刻度线以红色标识的 DB 值。

⑦ 通道一(CH1)连接口。将测试线连接至此接口则应用通道一测试。

⑧ 通道二(CH2)连接口。将测试线连接至此接口则应用通道二测试。

仪表背面有一个浮地、共地开关。当作为两台单独作用电压表时,将开关置于上方,FLOAT 为浮地测量状态,两路电压表的参考地与机壳三者分开。当开关置于下方 GND 时,为共地状态,此时两路电压表参考地在内部与机壳连在一起。

2. 使用说明

DF2170C 交流毫伏表是一种用来测量正弦电压有效值的电子仪表。采用两组相同而又独立的线路及双指针表头,故在同一表面同时指示两个不同交流信号的有效值,方便地进行双路交流电压的同时测量和比较,同时监视输出,它采用进口电子编码开关控制量程,LED 直观指示当前量程,具备同步／异步测试功能。同步测试时,CH1 测试状态和测试量程先跟随到 CH2 后,两通道量程一致并由 CH1 或 CH2 量程开关控制。

①CH1/CH2 通道选择。当选择通道一时,连接 CH1,此时观察黑色指针;当选择通道二时,连接 CH2,此时观察红色指针。

②同步／异步方式。当按下面板上的同步／异步选择按键时,可选择同步／异步工作方式。"SYNC" 灯亮为同步工作方式,"ASYN" 灯亮为异步工作方式。当为异步方式工作时,CH1 和 CH2 通道相互独立控制工作;当为同步方式工作时,CH1 和 CH2 的量程由任一通道控制开关控制,使两通道具有相同的测量量程;当为同步自动方式时,两通道量程由 CH2 自动控制。

③手动／自动测量方式。按动面板上的旋钮③(即自动 AUTO 或手动 MANU 选择按键),可选择手动或自动测量方式工作,MANU 灯亮为手动测量状态,AUTO 灯亮为自动测量状态。当选择手动测量方式时请根据输入信号幅度的大小选择测量量程。先用大量程读数,再根据读数逐挡减小量程。当选择自动测量方式时,将自动根据输入信号幅度的大小选择测量量程。

当将仪器后面板上的浮地／接地开关置于浮地时,输入信号地与外壳处于高阻状态,当将开关置于接地时,输入信号地与外壳接通。

3. 注意事项

(1) 仪器应在规定的电压量程内使用,尽量避免过量程使用,以免烧坏仪器。

(2) 注意在额定的频率范围内测量。

(3) 量程从大到小,逐挡调整。

(4) 交流毫伏表仅适用于正弦交流电压有效值的测量。对于非正弦信号,需改用示波器或其他仪器进行测量。

1.12 MY61 数字万用表

MY61 数字万用表的面板如图 1.14 所示。

1. 面板介绍

① 输入插座。在进行实验数据测试时,应选择正确的输入插座插入表笔,左边起第一个为 20 A 电流输入插座,第二个为小于 200 mA 电流输入插座,第三个为公共端,第四个为二极管、电压、电阻输入插座。

② 功能转换开关。用于选择测量功能。当开关处于不同挡位时可分别测量直流、交流电压,直流、交流电流,或进行晶体管放大倍数测量,二极管通断测试,电阻测量,电容测量。

③ 晶体管 hFE 测量。通过显示器上的数字可以读出 hFE 的近似值。

④ 电源开关。使用时应打开电源开关,使用完应关闭电源开关。

⑤ 液晶显示器。显示仪表测量的数值。

⑥ 电容测试插座。测量电容时,将电容插入电容测试座中。

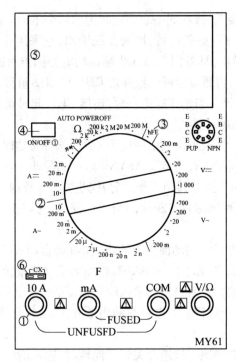

图 1.14 MY61 数字万用表

2.使用说明

(1)直流电压测量。

①将黑表笔插入 COM 孔,红表笔插入 V/Ω 插孔。

②将功能开关置于 V⎓量程范围,并将表笔接到待测电源或负载上,红色表笔所接端的电压和极性将同时显示在显示器上。

(2)交流电压测量。

①将黑表笔插入 COM 孔,红表笔插入 V/Ω 插孔。

②将功能开关置于 V ~ 量程范围,并将表笔接到待测电源或负载上,此时面板显示电压有效值。

(3)直流电流测量。

①将黑表笔插入 COM 孔,当测量最大值为 200 mA(MY60 为 2 A)的电流时,红色表笔插入 mA(2 A)插孔。当测量最大值为 20 A(MY60 为 10 A)的电流时,红色表笔插入 10 A 插孔。

②将功能开关置于 A⎓量程,并将表笔串联到待测电源或负载上,电流值显示的同时,将显示待测电流的极性。

(4)交流电流测量。

①将黑表笔插入 COM 孔,当测量最大值为 200 mA(MY60 为 2 A)的电流时,红色表笔插入 mA(2 A)插孔。当测量最大值为 20 A(MY60 为 10 A)的电流时,红色表笔插入 10 A 插孔。

②功能开关置于 A ~ 量程,并将表笔串联到待测电源或负载上,电流值显示的同时,

将显示红表笔的极性。

（5）电阻测量。

① 将黑表笔插入 COM 孔，红表笔插入 V/Ω 插孔。

② 将功能开关置于 Ω 量程，并将表笔接到待测电阻上，表盘上显示电阻值。

（6）电容测量。

将电容管脚按照标示插入插孔。连接被测电容之前，注意每次转换量程时复位需要时间，有漂移读数存在不会影响测试精度。

仪器本身对电容挡设置了保护，故在测量电容过程中不用考虑极性及电容是否充放电等情况，测量电容时，将电容插入电容测试座中。测量大电容时读数稳定需要一定时间。

（7）频率测量。

① 将黑表笔插入 COM 孔，红表笔插入 V/Ω/F 插孔。

② 将功能开关置于 Hz 量程，并将表笔接到频率源上，可直接从显示器上读取频率值。

（8）二极管及蜂鸣器的连接性测试。

① 将黑表笔插入 COM 孔，红表笔插入 V/Ω/F 插孔，将功能开关置于 ▶️/ •))) 挡，并将表笔连接到待测二极管，读数为二极管的正压降的近似值。

② 将表笔连接到待测线路的两端，如果两端之间电阻值低于 70 Ω，内置蜂鸣器发声。

（9）晶体管 hFE 测试。

① 将功能开关置于 hFE 量程。

② 确定晶体管是 NPN 或 PNP 型，将基极、发射极和集电极分别插入面板上相应的插孔。

③ 显示器上显示 hFE 的近似值。

3. 注意事项

（1）如果不知被测电压（电流）范围，将功能开关置于最大量程并逐渐下降。

（2）如果显示器显示"1"，那表示过量程，功能开关应置于更高量程。

（3）换功能时，表笔要离开测试点。

（4）不允许将表笔插在电流端子测量电压。

第2章

电 工 技 术

实验1 线性和非线性电路元件伏安特性的验证

一、实验目的

（1）学会识别常用电路元件的方法。
（2）掌握线性电阻、非线性电阻元件伏安特性的测试技能。
（3）掌握实验台上直流电工仪表和设备的使用方法。
（4）加深对线性电阻元件、非线性电阻元件伏安特性的理解。

二、实验设备

实验设备明细见表2.1。

表2.1　实验设备明细

序号	名称	型号与规格	数量	备注
1	直流可调稳压电源	0 ~ 30 V	1	
2	万用表		1	自备
3	直流电流表	0 ~ 2 A	1	
4	直流电压表	0 ~ 200 V	1	
5	二极管	1N4007、2AP9	1	ZDD – 12
6	稳压管	2CW51	1	ZDD – 12
7	白炽灯	12 V/0.1 A	1	ZDD – 12
8	线性电阻器	200 Ω、510 Ω、1 kΩ/2 W	各1	ZDD – 11
9	未知电阻		若干	ZDD – 12

三、原理说明

任何一个电器二端元件的特性可用该元件上的端电压 U 与通过该元件的电流 I 之间的函数关系 $I = f(U)$ 来表示，即用 $I - U$ 平面上的一条曲线来表征，这条曲线称为该元件的伏安特性曲线。

　　（1）线性电阻器的伏安特性曲线是一条通过坐标原点的直线，如图 2.1 中 a 所示，该直线的斜率等于该电阻器的电阻值。

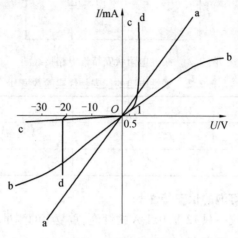

图 2.1　元件的伏安特性

　　（2）一般的白炽灯，其灯丝电阻从冷态开始随着温度的升高而增大。通过白炽灯的电流越大，其温度越高，阻值也越大。灯丝的"冷电阻"与"热电阻"的阻值可相差几倍至十几倍，它的伏安特性如图 2.1 中 b 曲线所示。

　　（3）一般的半导体二极管是一个非线性电阻元件，其伏安特性如图 2.1 中 c 所示。其正向压降很小（一般的锗管为 0.2 ~ 0.3 V，硅管为 0.5 ~ 0.7 V），正向电流随正向压降的升高而急剧上升。而反向电压从零一直增加到十几至几十伏时，其反向电流增加很小，粗略地可视为零。可见，二极管具有单向导电性，但反向电压加得过高，超过管子的极限值，则会导致管子击穿损坏。

　　（4）稳压二极管是一种特殊的半导体二极管，其正向特性与普通二极管类似，但其反向特性较特别，如图 2.1 中 d 所示。在反向电压开始增加时，其反向电流几乎为零，但当电压增加到某一数值时（称为管子的稳压值，有各种不同稳压值的稳压管），电流将突然增加，以后它的端电压将基本维持恒定，当反向电压继续升高时其端电压仅有少量增加。

　　注意：流过二极管或稳压二极管的电流不能超过管子的极限值，否则管子就会烧坏。

　　对于一个未知的电阻元件，可以参照对已知电阻元件的测试方法进行测量，根据测得数据描绘其伏安特性曲线，再与已知元件的伏安特性曲线相对照，即可判断出该未知电阻元件的类型及某些特性，如线性电阻的电阻值、二极管的材料（硅或锗）、稳压二极管的稳压值等。

四、实验内容

1. 测定线性电阻器的伏安特性

　　按图 2.2 接线，调节稳压电源的输出电压 U，使 R 两端的电压依次为表 2.2 中 U 所列值，记下相应的电流表读数 I。并将所测数据填写到表 2.2 中。

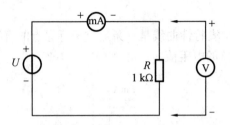

图 2.2　线性电阻伏安特性电路接线图

表 2.2　线性电阻的伏安特性实验数据

U/V	0	2	4	6	8	10
U_R/V						
I/mA						

2. 测定非线性白炽灯泡的伏安特性

将图 2.2 中的 R 换成一只 12 V、0.1 A 的灯泡，重复 1 的测量。U_L 为灯泡的端电压。并将所测数据填写到表 2.3 中。

表 2.3　非线性白炽灯泡的伏安特性实验数据

U/V	0.1	0.5	1	2	3	4	5	6
U_L/V								
I/mA								

3. 测定半导体二极管的伏安特性

按图 2.3 接线，R 为限流电阻器。测二极管的正向特性时，其电流电压 U。按表 2.4 所列数据取值，测量二极管 D 的正向压降 U_{D+} 及相应电流 I，并将所测数据填写到表 2.4 中。

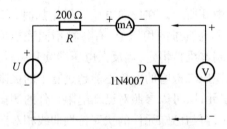

图 2.3　二极管的伏安特性电路接线图

表 2.4　二极管正向特性实验数据

U/V	0.10	0.30	0.50	0.60	0.70	0.80
U_{D+}/V						
I/mA						

测二极管的反向特性时,只需将图2.3中的二极管D反接。测二极管的反向压降U_{D-}及相应电流I,并将所测数据填写到表2.5中。

表2.5　二极管反向特性实验数据

U/V	0.10	0.30	0.50	0.60	0.70	0.80
U_{D-}/V						
I/mA						

4.测定稳压二极管的伏安特性

(1)正向特性实验。将图2.3中的二极管换成稳压二极管2CW51,重复实验内容3中的正向测量,U_{Z+} 为2CW51 的正向压降。按表2.6 所列 U 取值,并将所测数据填写到表2.6 中。

表2.6　稳压二极管正向特性实验数据

U/V	0.10	0.30	0.50	0.60	0.70	0.80
U_{Z+}/V						
I/mA						

(2)反向特性实验。将图2.3中的 R 换成510 Ω,2CW51 反接,测量2CW51 的反向特性。稳压电源的输出电压U_0按表2.7所列数值取值,测量2CW51 两端的电压U_{Z-} 及电流I,并将所测数据填写到表2.7 中。由 U_{Z-} 的变化情况可看出其稳压特性。

表2.7　稳压二极管反向特性实验数据

U_0/V	1	2	3	4	5	6
U_{Z-}/V						
I/mA						

5.未知电阻元件伏安特性的测试

测试未知电阻元件的伏安特性时,操作应特别细心,否则就可能会损坏被测器件。

(1)按图2.3接线,但 R 用510 Ω,二极管D不接入,先将稳压电源的输出电压U调至最低(0 或0.1 V),再任选一种未知元件接入线路。

(2)缓慢调节稳压电源的输出电压U,以毫安表每次增加3 mA 为测试点,依次记录每个电流测试点下元件两端的电压值U_X。如果电流达到36 mA 或者U_X 达到30 V,则停止测试,并将 U 调至最低。将所测数据填到表2.8 中。

表2.8　未知电阻元件伏安特性测试实验数据(1)

I_X/mA	0	3	6	9	12	15	18	21	24	27	30
U_X/V											

(3)将稳压电源正、负输出端的连接线互换位置,重复(2)。将所测数据填到表2.9 中。

注意:各ZDD - 12 实验箱中未知元件的排列顺序和元件方向是随机的,各不相同。

表 2.9　未知电阻元件伏安特性测试实验数据（2）

I_X/mA	0	- 3	- 6	- 9	- 12	- 15	- 18	- 21	- 24	- 27	- 30
U_X/V											

五、实验注意事项

（1）测二极管正向特性时，稳压电源输出应由小至大逐渐增加，应时刻注意电流表读数不得超过 36 mA。稳压源输出端切勿碰线短路。

（2）如果要测定 2AP9 的伏安特性，则正向特性的电压值应取 0,0.10,0.13,0.15,0.17,0.19,0.21,0.24,0.30（V），反向特性的电压值取 0,2,4,…,10（V）。

（3）进行不同实验时，应先估算电压和电流值，合理选择仪表的量程，勿使仪表超量程。仪表的极性亦不可接错。

六、思考题

（1）线性电阻与非线性电阻的概念是什么？ 电阻器与二极管的伏安特性有何区别？

（2）设某器件伏安特性曲线的函数式为 $I = f(U)$，试问在逐点绘制曲线时，其坐标变量应如何放置？

（3）稳压二极管与普通二极管有何区别，其用途如何？

（4）在图 2.3 中，设 $U = 2$ V，$U_{D+} = 0.7$ V，则 mA 表读数为多少？

实验 2　基尔霍夫定律的验证

一、实验目的

（1）验证基尔霍夫定律的正确性，掌握基尔霍夫定律的内容。
（2）学会用电流插头、插座测量各支路电流的方法。

二、实验设备

实验设备明细见表 2.10。

表 2.10　实验设备明细

序号	名称	型号与规格	数量	备注
1	直流稳压电源	+ 12 V	1	
2	直流可调稳压电源	0 ~ 30 V	1	
3	万用表		1	自备
4	直流电压表	0 ~ 200 V	1	
5	直流电流表	0 ~ 2 A	1	
6	电路基础模块（一）		1	ZDD - 11

三、原理说明

（1）基尔霍夫定律是电路的基本定律。测量某电路的各支路电流及每个元件两端的电压,应能分别满足基尔霍夫电流定律(KCL) 和基尔霍夫电压定律(KVL)。

基尔霍夫第一定律,也称节点电流定律(KCL):对电路中的任一节点,在任一时刻,流入节点的电流之和等于流出节点的电流之和。即对电路中的任一个节点而言,应有 $\sum I = 0$。

基尔霍夫第二定律,也称回路电压定律(KVL):对电路中的任一闭合回路,沿回路绕行方向上各段电压的代数和等于零。即对任何一个闭合回路而言,应有 $\sum U = 0$。

运用该定律时必须注意各支路或闭合回路中电流的正方向,此方向可预先任意设定。

（2）绝对误差是既指明误差的大小,又指明其正负方向,以同一单位量纲反映测量结果偏离真值大小的值,它确切地表示了偏离真值的实际大小。

相对误差指的是测量所造成的绝对误差与被测量(约定) 真值之比乘以 100% 所得的数值,以百分数表示。一般来说,相对误差更能反映测量的可信程度。设测量结果 y 减去被测量约定真值 t,所得的误差或绝对误差为 Δ。将绝对误差 Δ 除以约定真值 t 即可求得相对误差。

实际相对误差定义式为

$$\delta = \frac{\Delta}{L} \times 100\%$$

式中,δ 为实际相对误差,一般用百分数给出;Δ 为绝对误差;L 为真值。

四、实验内容

实验采用 ZDD – 11 挂箱的"基尔霍夫定律／叠加原理"线路,实验线路如图 2.4 所示。

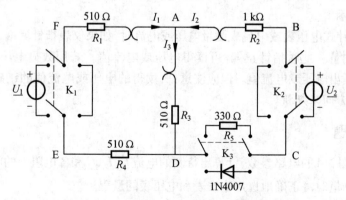

图 2.4　验证基尔霍夫定律实验线路图

（1）实验前先任意设定三条支路和三个闭合回路的电流正方向。图2.4 中的 I_1、I_2、I_3

的方向已设定。三个闭合回路的电流正方向可设为 ADEFA、BADCB 和 FBCEF。

（2）将 + 12 V 和 + 6 V（可调电源输出）直流稳压电源分别接入 U_1 和 U_2 处。

（3）熟悉电流插头的结构,将电流插头的两端接至直流毫安表的"+、−"两端。

（4）将电流插头分别插入三条支路的三个电流插座中,读出并记录电流值。

（5）用直流电压表分别测量两路电源及电阻元件上的电压值,将测量值填入表 2.11 中。

表 2.11　基尔霍夫定律实验数据（1）

被测量	I_1/mA	I_2/mA	I_3/mA	U_1/V	U_2/V	U_{FA}/V	U_{AB}/V	U_{AD}/V	U_{CD}/V	U_{DE}/V
计算值										
测量值										
相对误差										

（6）如将 + 8 V 和 + 10 V（可调电源输出）直流稳压电源分别接入 U_1 和 U_2 处。重复上述步骤（3）、（4）、（5）,将测量值填入表 2.12 中。

表 2.12　基尔霍夫定律实验数据（2）

被测量	I_1/mA	I_2/mA	I_3/mA	U_1/V	U_2/V	U_{FA}/V	U_{AB}/V	U_{AD}/V	U_{CD}/V	U_{DE}/V
计算值										
测量值										
相对误差										

五、实验注意事项

（1）用电流插头测量各支路电流时,或者用电压表测量电压降时,应注意仪表的极性,并应正确判断测得值的 +、− 号。

（2）所有需要测量的电压值,均以电压表测量的读数为准。U_1、U_2 也需测量,不应取电源本身的显示值。

（3）用指针式电压表或电流表测量电压或电流时,如果仪表指针反偏,则必须调换仪表极性,重新测量。此时指针正偏,可读得电压或电流值。若用数显电压表或电流表测量,则可直接读出电压或电流值。但应注意:所读得的电压或电流值的正确正、负号应根据设定的电流方向来判断。

六、思考题

（1）根据图 2.4 的电路参数,计算出待测的电流 I_1、I_2、I_3 和各电阻上的电压值,记入表中,以便实验测量时可正确地选定毫安表和电压表的量程。

（2）实验中,若用指针式万用表直流毫安挡测各支路电流,在什么情况下可能出现指针反偏,应如何处理? 在记录数据时应注意什么? 若用直流电流表进行测量,则会有什么显示呢?

七、实验报告

(1) 根据实验数据,选定节点 A,验证 KCL 的正确性。

(2) 根据实验数据,选定实验电路中的任一个闭合回路,验证 KVL 的正确性。

(3) 将各支路电流和闭合回路的方向重新设定,重复(1)、(2) 两项验证。

(4) 分析误差原因。

实验 3　叠加原理的验证

一、实验目的

(1) 验证线性电路叠加原理的正确性,掌握线性电路叠加原理的分析方法。

(2) 通过对电路的实际测试,加深对叠加原理的理解和认识。

二、实验设备

实验设备明细见表 2.13。

表 2.13　实验设备明细

序号	名称	型号与规格	数量	备注
1	直流稳压电源	+ 12 V	1	
2	直流可调稳压电源	0 ~ 30 V	1	
3	万用表		1	自备
4	直流电压表	0 ~ 200 V	1	
5	直流电流表	0 ~ 2 A	1	
6	电路基础模块(一)			ZDD - 11

三、原理说明

叠加原理是线性电路分析的基本方法,它的内容是:由线性电阻和多个独立电源组成的线性电路中,任何一支路中的电流(或电压) 等于各个独立电源单独作用时,在此支路中所产生的电流(或电压) 的代数和。

当某个电源单独作用时,其余不起作用的电源应保留内阻,多余电压源做短路处理,多余电流源做开路处理。

四、实验内容

实验采用 ZDD - 11 挂箱的"基尔霍夫定律 / 叠加原理"线路,实验线路如图 2.5 所示。

(1) 将 + 12 V 和 + 6 V(可调电源输出) 直流稳压电源分别接入 U_1 和 U_2 处。

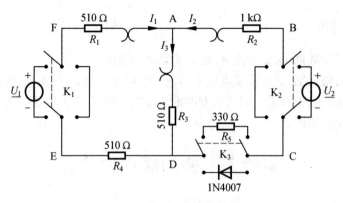

图 2.5 验证叠加原理实验线路图

（2）令 U_1 电源单独作用（将开关 K_1 投向 U_1 侧，K_2 投向短路侧，K_3 投向 330 Ω 电阻侧）。用电压表和电流表（接电流插头）测量各支路电流及各电阻元件两端的电压，数据记入表 2.14。

表 2.14 叠加原理实验数据（1）

实验内容	U_1/V	U_2/V	I_1/mA	I_2/mA	I_3/mA	U_{AB}/V	U_{CD}/V	U_{AD}/V	U_{DE}/V	U_{FA}/V
U_1 单独作用										
U_2 单独作用										
U_1、U_2 共同作用										
$2U_2$ 单独作用										

（3）令 U_2 电源单独作用（将开关 K_1 投向短路侧，开关 K_2 投向 U_2 侧，K_3 投向 330 Ω 电阻侧），重复实验步骤（2）的测量和记录，数据记入表 2.14。

（4）令 U_1 和 U_2 共同作用（开关 K_1 和 K_2 分别投向 U_1 和 U_2 侧，K_3 投向 330 Ω 电阻侧），重复上述的测量和记录，数据记入表 2.14。

（5）将 R_5（330 Ω）换成二极管 1N4007（即将开关 K_3 投向二极管 1N4007 侧），重复（1）~（4）的测量过程，记录数据填入表 2.15 中。

表 2.15 叠加原理实验数据（2）

实验内容	U_1/V	U_2/V	I_1/mA	I_2/mA	I_3/mA	U_{AB}/V	U_{CD}/V	U_{AD}/V	U_{DE}/V	U_{FA}/V
U_1 单独作用										
U_2 单独作用										
U_1、U_2 共同作用										
$2U_2$ 单独作用										

五、实验注意事项

（1）用电流插头测量各支路电流时，或者用电压表测量电压降时，应注意仪表的极性，并应正确判断测得值的 +、− 号。

（2）注意仪表量程的及时更换。

六、思考题

（1）在叠加原理实验中,要令 U_1、U_2 分别单独作用,应如何操作? 可否直接将不作用的电源(U_1 或 U_2) 短接置零?

（2）实验电路中,若有一个电阻器改为二极管,试问叠加原理还成立吗? 为什么?

七、实验报告

（1）根据实验数据表格,进行分析、比较、归纳、总结实验结论。

（2）各电阻器所消耗的功率能否用叠加原理计算得出? 试用上述实验数据,进行计算并得出结论。

（3）通过实验内容(5),你能得出什么结论?

实验 4　戴维南定理和诺顿定理的验证

一、实验目的

（1）验证戴维南定理和诺顿定理的正确性,加深对该定理的理解。

（2）掌握测量有源二端网络等效参数的一般方法。

二、实验设备

实验设备明细见表 2.16。

表 2.16　实验设备明细

序号	名称	型号与规格	数量	备注
1	直流可调稳压电源	0 ~ 30 V	1	
2	直流恒流源		1	
3	直流电压表	0 ~ 200 V	1	
4	直流电流表	0 ~ 2 A	1	
5	万用表		1	自备
6	电阻器	10 Ω、330 Ω	各1	R02、R03（透明盒模块）
7	电阻器	510 Ω	2	R08（透明盒模块）
8	电位器	1 kΩ	1	RP3（透明盒模块）
9	电位器	4.7 kΩ	1	RP5（透明盒模块）

三、原理说明

（1）任何具有两个出线端的部分电路称为二端网络。若网络中含有电源称为有源二端网络,否则称为无源二端网络。

戴维南定理:任何一个线性有源二端网络,对外电路来说,总可以用一个电压源与一个电阻的串联来等效代替,此电压源的电动势 U_s 等于这个有源二端网络的开路电压 U_{oc},其等效内阻 R_0 等于该网络中所有独立源均置零(理想电压源视为短接,理想电流源视为开路)时的等效电阻。

诺顿定理指出:任何一个线性有源网络,总可以用一个电流源与一个电阻的并联组合来等效代替,此电流源的电流 I_s 等于这个有源二端网络的短路电流 I_{sc},其等效内阻 R_0 定义同戴维南定理。

$U_{oc}(U_s)$ 和 R_0 或者 $I_{sc}(I_s)$ 和 R_0 称为有源二端网络的等效参数。

(2)有源二端网络等效参数的测量方法。

① 开路电压、短路电流法测 R_0。

在有源二端网络输出端开路时,用电压表直接测其输出端的开路电压 U_{oc},然后再将其输出端短路,用电流表测其短路电流 I_{sc},则等效内阻为

$$R_0 = \frac{U_{oc}}{I_{sc}}$$

如果二端网络的内阻很小,若将其输出端口短路则易损坏其内部元件,因此不宜用此法。

② 伏安法测 R_0。

用电压表、电流表测出有源二端网络的外特性曲线,如图 2.6 所示。根据外特性曲线求出斜率 $\tan \varphi$,则内阻为

$$R_0 = \tan \varphi = \frac{\Delta U}{\Delta I} = \frac{U_{oc}}{I_{sc}}$$

也可以先测量开路电压 U_{oc},再测量电流为额定值 I_N 时的输出端电压值 U_N,则内阻为

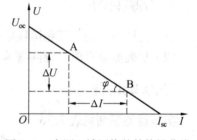

图 2.6   有源二端网络的外特性曲线

$$R_0 = \frac{U_{oc} - U_N}{I_N}$$

③ 半电压法测 R_0。

如图 2.7 所示,当负载电压为被测网络开路电压的一半时,负载电阻(由电阻箱的读数确定)即为被测有源二端网络的等效内阻值。

④ 零示法测 U_{oc}。

在测量具有高内阻有源二端网络的开路电压时,用电压表直接测量会造成较大的误差。为了消除电压表内阻的影响,往往采用零示测量法,如图 2.8 所示。

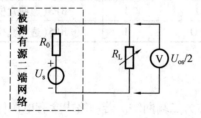

图 2.7   半电压法测 R_0

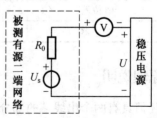

图 2.8   零示测量法

　　零示法测量原理是用一低内阻的稳压电源与被测有源二端网络进行比较,当稳压电源的输出电压与有源二端网络的开路电压相等时,电压表的读数将为"0"。然后将电路断开,测量此时稳压电源的输出电压,即为被测有源二端网络的开路电压。

四、实验内容

　　(1) 按照图 2.9,连接实验电路。

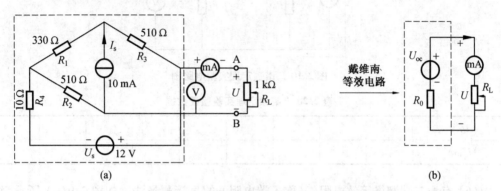

图 2.9　戴维南定理和诺顿定理的验证

　　(2) 用开路电压、短路电流法测定戴维南等效电路的 U_{oc} 和 R_0。在图 2.9(a) 中,接入稳压电源 $U_s = 12$ V,恒流源 $I_s = 10$ mA,AB 端不接入 R_L。分别测定 AB 端输出开路电压 U_{oc} 和短路电流 I_{sc},并计算出 R_0(表 2.17)。(测 U_{oc} 时,不接入 mA 表)

表 2.17　开路电压和等效电阻实验数据

U_{oc}/V	I_{sc}/mA	$R_0/\Omega = \dfrac{U_{oc}}{I_{sc}}$

　　(3) 负载实验。按图 2.9(a) 接入 R_L。改变 R_L 阻值,测量不同端电压下的电流值,记于表 2.18,并据此画出有源二端网络的外特性曲线。

表 2.18　有源二端网络外特性实验数据

U/V								
I/mA								

　　(4) 验证戴维南定理。从电位器或电阻箱上取得按步骤(1) 所得的等效电阻 R_0 之值,然后令其与直流稳压电源(调到步骤(1) 时所测得的开路电压 U_{oc} 之值) 相串联,如图 2.9(b) 所示,仿照步骤(2) 测其外特性,对戴维南定理进行验证(表 2.19)。

表 2.19　戴维南定理实验验证数据

U/V								
I/mA								

（5）验证诺顿定理。从电位器或电阻箱上取得按步骤（1）所得的等效电阻 R_0 之值，然后令其与直流恒流源（调到步骤（1）时所测得的短路电流 I_{sc} 之值）相并联，如图 2.10 所示，仿照步骤（2）测其外特性，对诺顿定理进行验证（表 2.20）。

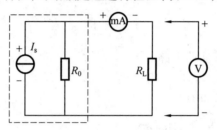

图 2.10　诺顿定理实验电路图

表 2.20　诺顿定理实验验证数据

U/V								
I/mA								

（6）有源二端网络等效电阻（又称入端电阻）的直接测量法。如图 2.9（a）所示，将被测有源网络内的所有独立源置零（去掉电流源 I_s 和电压源 U_s，并在原电压源所接的两点用一根短路导线相连），然后用伏安法或者直接用万用表的欧姆挡去测定负载 R_L 开路时 A、B 两点间的电阻，此即为被测网络的等效内阻 R_0，或称网络的入端电阻 R_i。

五、实验注意事项

（1）测量时应注意电流表量程的更换。

（2）用万用表直接测 R_0 时，网络内的独立源必须先置零，以免损坏万用表。欧姆挡必须经调零后再进行测量。

（3）改接线路时，要关掉电源。

六、思考题

（1）在求戴维南等效电路时，做短路实验，测 I_{sc} 的条件是什么？在本实验中可否直接做负载短路实验？

（2）说明测有源二端网络开路电压及等效内阻的几种方法，并比较其优缺点。

七、实验报告

（1）根据实验内容（2）和（3），分别绘出曲线，验证戴维南定理的正确性，并分析产生误差的原因。

（2）根据实验内容（1）、（4）、（5）各种方法测得的 U_{oc} 与 R_0，与预习时电路计算的结果做比较，得出结论。

（3）归纳、总结实验结果。

实验 5　RC 一阶电路的响应测试

一、实验目的

(1) 测定 RC 一阶电路的零输入响应、零状态响应及完全响应。
(2) 学习电路时间常数的测量方法。
(3) 掌握有关微分电路和积分电路的概念。
(4) 进一步学会用示波器观测波形。

二、实验设备

实验设备明细见表 2.21。

表 2.21　实验设备明细

序号	名称	型号与规格	数量	备注
1	信号发生器	ZDD – 05A	1	自备
2	双踪示波器	DS2202	1	自备
3	实验元件		1	ZDD – 11

三、原理说明

(1) 动态网络的过渡过程是十分短暂的单次变化过程。要用普通示波器观察过渡过程和测量有关的参数,就必须使这种单次变化的过程重复出现。为此,利用信号发生器输出的方波来模拟阶跃激励信号,即利用方波输出的上升沿作为零状态响应的正阶跃激励信号;利用方波的下降沿作为零输入响应的负阶跃激励信号。只要选择方波的重复周期远大于电路的时间常数 τ,那么电路在这样的方波序列脉冲信号的激励下,它的响应就和直流电接通与断开的过渡过程是基本相同的。

(2) 图 2.11(a) 所示的 RC 一阶电路的零输入响应和零状态响应分别按指数规律衰减和增长,其变化的快慢取决于电路的时间常数 τ。

(3) 时间常数 τ 的测定方法。用示波器测量零输入响应的波形如图 2.11(b) 所示。

根据一阶微分方程的求解得知 $U_C = U_m e^{-t/(RC)} = U_m e^{-t/\tau}$。当 $t = \tau$ 时,$U_C(\tau) = 0.368U_m$。此时所对应的时间就等于 τ。亦可用零状态响应波形增加到 $0.632U_m$ 所对应的时间测得,如图 2.11(c) 所示。

(4) 微分电路和积分电路是 RC 一阶电路中较典型的电路,它对电路元件参数和输入信号的周期有着特定的要求。一个简单的 RC 串联电路,在方波序列脉冲的重复激励下,当满足 $\tau = RC \ll T/2$(T 为方波脉冲的重复周期),且由 R 两端的电压作为响应输出,这就是一个微分电路,如图 2.12(a) 所示。因为此时电路的输出信号电压与输入信号电压的微分成正比。利用微分电路可以将方波转变成尖脉冲。

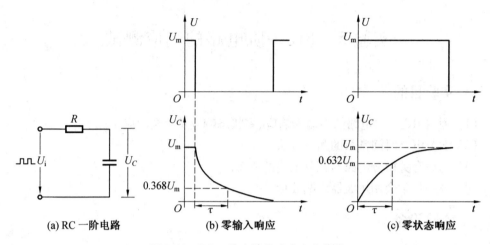

(a) RC 一阶电路　　(b) 零输入响应　　(c) 零状态响应

图 2.11　RC 一阶电路及响应变化曲线

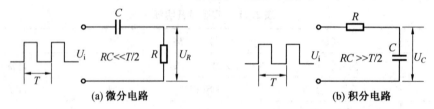

(a) 微分电路　　　　　　　(b) 积分电路

图 2.12　RC 积分电路和 RC 微分电路实验接线图

　　若将图 2.12(a) 中的 R 与 C 位置调换一下,如图 2.12(b) 所示,由 C 两端的电压作为响应输出。当电路的参数满足 $\tau = RC \gg T/2$ 条件时,即称为积分电路。因为此时电路的输出信号电压与输入信号电压的积分成正比。利用积分电路可以将方波转变成三角波。

　　微分电路和积分电路的输入、输出关系如图 2.13 所示。

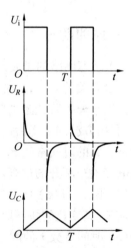

　　从输入输出波形来看,上述两个电路均起着波形变换的作用,请在实验过程仔细观察与记录。

四、实验内容

1. RC 积分电路

图 2.13　微分电路和积分电路的
输入、输出关系

　　按图 2.12(b) 所示连接实验电路。选 $R = 10\text{ k}\Omega, C = 6\ 800\text{ pF}$。$u$ 为脉冲信号发生器输出的 $U_{p-p} = 3\text{ V}, f = 1\text{ kHz}$ 的方波电压信号,并通过两根同轴电缆线,将激励源 u 和响应 u_C 的信号分别连至示波器的两个输入口 Y_A 和 Y_B。这时可在示波器的屏幕上观察到激励与响应的变化规律,请测算出时间常数 τ,并用方格纸按 $1:1$ 的比例描绘波形。少量地改变电容值或电阻值,定性地观察对响应的影响,记录观察到的现象(表 2.22)。

表 2.22　RC 积分电路 1

波形名称	参数		波形图
RC 积分电路 输出电压波形	$R/\mathrm{k}\Omega$		u_o O ———————→ t
	$C/\mu\mathrm{F}$		
	τ/ms （计算值）		

令 $R = 1\ \mathrm{k}\Omega$，$C = 0.1\ \mu\mathrm{F}$，观察并描绘响应的波形，继续增大 C 之值，定性地观察 C 对响应的影响，并将其测量实验数据填写在表 2.23 中。

表 2.23　RC 积分电路 2

波形名称	参数		波形图
RC 积分电路 输出电压波形	$R/\mathrm{k}\Omega$		u_o O ———————→ t
	$C/\mu\mathrm{F}$		
	τ/ms （计算值）		

2. RC 微分电路

按图 2.12(a) 所示连接实验电路。选 $R = 10\ \mathrm{k}\Omega$，$C = 6\ 800\ \mathrm{pF}$。u 为脉冲信号发生器输出的 $U_{\mathrm{p-p}} = 3\ \mathrm{V}$，$f = 1\ \mathrm{kHz}$ 的方波电压信号，并通过两根同轴电缆线，将激励源 u 和响应 u_C 的信号分别连至示波器的两个输入口 Y_A 和 Y_B。这时可在示波器的屏幕上观察到激励与响应的变化规律，请测算出时间常数 τ，并用方格纸按 $1:1$ 的比例描绘波形。少量地改变电容值或电阻值，定性地观察对响应的影响，记录观察到的现象（表 2.24）。

表 2.24　RC 微分电路 1

波形名称	参数		波形图
RC 微分电路 输出电压波形	$R/\mathrm{k}\Omega$		u_o O ———————→ t
	$C/\mu\mathrm{F}$		
	τ/ms		

令 $R = 1\ \mathrm{k}\Omega$，$C = 0.1\ \mu\mathrm{F}$，观察并描绘响应的波形，继续增大 C 之值，定性地观察 C 对响应的影响，并将其测量实验数据填写在表 2.25 中。

表2.25　RC微分电路2

波形名称	参数		波形图
RC 微分电路 输出电压波形	$R/\mathrm{k\Omega}$		
	$C/\mathrm{\mu F}$		
	τ/ms		

令 $C = 0.01\ \mathrm{\mu F}, R = 100\ \Omega$,观察并描绘响应的波形,继续增大 C 之值,观测并描绘激励与响应的波形。

增减 R 之值,定性地观察 R 对响应的影响,自拟表格,并做记录。

五、实验注意事项

(1) 调节电子仪器各旋钮时,动作不要过快、过猛。实验前,需熟读双踪示波器的使用说明书。观察双踪时,要特别注意相应开关、旋钮的操作与调节。

(2) 信号源的接地端与示波器的接地端要连在一起(称共地),以防外界干扰而影响测量的准确性。

六、思考题

(1) 什么样的电信号可作为 RC 一阶电路零输入响应、零状态响应和完全响应的激励信号?

(2) 何谓积分电路和微分电路? 它们必须具备什么条件? 它们在方波序列脉冲的激励下,其输出信号波形的变化规律如何? 这两种电路有何功用?

七、实验报告

(1) 根据实验观测结果,在方格纸上绘出 RC 一阶电路充放电时 u_C 的变化曲线,由曲线测得 τ 值,并与参数值的计算结果做比较,分析误差原因。

(2) 根据实验观测结果,归纳、总结积分电路和微分电路的形成条件,阐明波形变换的特征。

实验6　RLC 串联谐振电路

一、实验目的

(1) 学习用实验方法绘制 R、L、C 串联电路的幅频特性曲线。

(2) 加深理解电路发生谐振的条件、特点,掌握电路品质因数(电路 Q 值)的物理意义及其测定方法。

二、实验设备

实验设备明细见表 2.26。

表 2.26　实验设备明细

序号	名称	型号与规格	数量	备注
1	函数信号发生器	ZDD – 05A	1	
2	频率计	ZDD – 05A	1	
3	交流毫伏表	DF2170C	1	自备
4	双踪示波器	DS2202	1	自备
5	实验元件	$R = 510\ \Omega, 1\ k\Omega$ $C = 0.01\ \mu F, 0.1\ \mu F, L$ 约为 30 mH	1	ZDD – 11

三、原理说明

（1）在图 2.14 所示的 R、L、C 串联电路中，当正弦交流信号源 U_i 的频率 f 改变时，电路中的感抗、容抗随之而变，电路中的电流也随 f 而变。取电阻 R 上的电压 U_o 作为响应，当输入电压 U_i 的幅值维持不变时，在不同频率的信号激励下，测出 U_o 之值，然后以 f 为横坐标，以 U_o/U_i 为纵坐标（因 U_i 不变，故也可直接以 U_o 为纵坐标），绘出光滑的曲线，此即为幅频特性曲线，亦称谐振曲线，如图 2.15 所示。

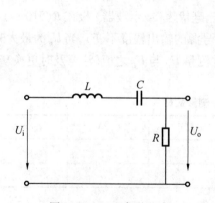

图 2.14　RLC 串联电路

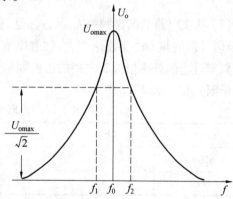

图 2.15　RLC 串联电路幅频特性曲线

（2）在 $f = f_0 = \dfrac{1}{2\pi\sqrt{LC}}$ 处，即幅频特性曲线尖峰所在的频率点，称为谐振频率。此时 $X_L = X_C$，电路呈纯阻性，电路阻抗的模为最小。在输入电压 U_i 为定值时，电路中的电流达到最大值，且与输入电压 U_i 同相位。从理论上讲，此时

$$U_i = U_R = U_o, \qquad U_L = U_C = QU_i$$

式中，Q 称为电路的品质因数。

（3）电路品质因数 Q 值的两种测量方法。

一是根据公式 $Q = \dfrac{U_L}{U_o} = \dfrac{U_C}{U_o}$ 测定，U_C 与 U_L 分别为谐振时电容器 C 和电感线圈 L 上的

电压。

另一方法是通过测量谐振曲线的通频带宽度 $\Delta f = f_2 - f_1$，再根据 $Q = \dfrac{f_0}{f_2 - f_1}$ 求出 Q 值。式中，f_0 为谐振频率，f_2 和 f_1 是失谐时频率，即输出电压的幅度下降到最大值的 $1/\sqrt{2}\,(\approx 0.707)$ 时的上、下频率点。Q 值越大，曲线越尖锐，通频带越窄，电路的选择性越好。在恒压源供电时，电路的品质因数、选择性与通频带只取决于电路本身的参数，而与信号源无关。

四、实验内容

（1）按图 2.16 组成监视、测量电路。选 $C = 0.01\ \mu\text{F}$。用交流毫伏表（或示波器）测电压，用示波器监视信号源输出。令信号源输出电压 $U_i = 3\ \text{V}$，并保持不变。

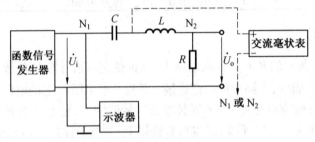

图 2.16　RLC 串联电路实验接线图

（2）找出电路的谐振频率 f_0，其方法是，将交流毫伏表（或示波器）接在 $R(510\ \Omega)$ 两端，令信号源的频率由小逐渐变大（注意要维持信号源的输出幅度不变），当 U_o 为最大时，读得频率计上的频率值即为电路的谐振频率 f_0，并测量 U_C 与 U_L 之值（注意及时更换毫伏表的量限），记入表 2.27 中。

表 2.27　谐振频率 f_0 测量数据

R/Ω	f_0/kHZ	U_o/V	U_L/V	U_C/V	I_o/mA
510					
1 000					

（3）在谐振点两侧，按频率递增或递减 500 Hz 或 1 kHz，依次各取 8 个测量点，逐点测出 U_o、U_L、U_C 之值，记入表 2.28 中。

表 2.28　U_o、U_L、U_C 的实验数据（1）

f/kHz									
U_o/V									
U_L/V									
U_C/V									
$U_i = 3\ \text{V},\quad C = 0.01\ \mu\text{F},\quad R = 510\ \Omega,\quad f_0 = $					$f_2 - f_1 = $				

（4）选 $C = 0.01$ μF，$R = 1$ kΩ，重复步骤（2）、（3）的测量过程，并记入表 2.29 中。

表 2.29　U_o、U_L、U_C 的实验数据（2）

f/kHz											
U_o/V												
U_L/V												
U_C/V												

$U_i = 3$ V，　$C = 0.01$ μF，　$R = 1$ kΩ，　$f_0 =$ 　　　　$f_2 - f_1 =$

（5）选 $C = 0.1$ μF，$R = 510$ Ω 及 $C = 0.1$ μF，$R = 1$ kΩ，重复（2）、（3）两步，并记入表 2.30 和表 2.31 中。

表 2.30　U_o、U_L、U_C 的实验数据（3）

f/kHz											
U_o/V												
U_L/V												
U_C/V												

$U_i = 3$ V，　$C = 0.1$ μF，　$R = 510$ Ω，　$f_0 =$ 　　　　$f_2 - f_1 =$

表 2.31　U_o、U_L、U_C 的实验数据（4）

f/kHz											
U_o/V												
U_L/V												
U_C/V												

$U_i = 3$ V，　$C = 0.1$ μF，　$R = 1$ kΩ，　$f_0 =$ 　　　　$f_2 - f_1 =$

五、实验注意事项

（1）选择测试频率点时，应在靠近谐振频率附近多取几点。在变换频率测试前，应调整信号输出幅度（用示波器监视输出幅度），使其维持在 3 V。

（2）测量 U_C 和 U_L 数值前，应将毫伏表的量限改大，而且在测量 U_L 与 U_C 时电压表的"+"端接 C 与 L 的公共点，其接地端分别触及 L 和 C 的近地端 N_2 和 N_1。

（3）实验中，信号源的外壳应与毫伏表的外壳绝缘（不共地）。如能用浮地式交流毫伏表测量，则效果更佳。

六、思考题

（1）根据实验线路板给出的元件参数值，估算电路的谐振频率。

（2）改变电路的哪些参数可以使电路发生谐振？电路中 R 的数值是否影响谐振频率值？

（3）如何判别电路是否发生谐振？测试谐振点的方案有哪些？

（4）电路发生串联谐振时，为什么输入电压不能太大？如果信号源给出 3 V 的电压，电路谐振时，用交流电压表测 U_L 和 U_C，应该选择用多大的量限？

（5）要提高 R、L、C 串联电路的品质因数，电路参数应如何改变？

（6）本实验在谐振时，对应的 U_L 与 U_C 是否相等？如有差异，原因何在？

七、实验报告

（1）根据测量数据，绘出不同 Q 值时三条幅频特性曲线，即

$$U_。 = f(f)，\quad U_L = f(f)，\quad U_C = f(f)$$

（2）计算出通频带与 Q 值，说明不同 R 值时对电路通频带与品质因数的影响。

（3）对两种不同的测 Q 值的方法进行比较，分析误差原因。

（4）谐振时，比较输出电压 $U_。$ 与输入电压 U_i 是否相等？试分析原因。

（5）通过本次实验，总结、归纳串联谐振电路的特性。

实验 7   三相电路

一、实验目的

（1）熟悉三相负载按星形连接的方法。

（2）学习和验证三相负载对称与不对称电路中，相电压、线电压之间的关系。

（3）熟悉三相负载按三角形连接的方法。

（4）验证负载按三角形连接时，对称与不对称的线电流与相电流之间的关系。

（5）了解三相四线制中中线的作用。

二、实验设备

实验设备明细见表 2.32。

表 2.32   实验设备明细

序号	名称	型号与规格	数量	备注
1	交流电压表	0 ~ 500 V	1	
2	交流电流表	0 ~ 5 A	1	
3	万用表	MY61	1	自备
4	三相交流电源	ZDD – 01C1	1	
5	三相灯组负载	220 V/25 W 白炽灯	9	
6	电流表插座		1	SW

三、实验原理

（1）三相负载可接成星形（又称"Y"接）或三角形（又称"△"接）。当三相对称负载按 Y 形连接时，线电压 U_l 是相电压 U_p 的 $\sqrt{3}$ 倍。线电流 I_l 等于相电流 I_p，即

$$U_l = \sqrt{3}\, U_p, \quad I_l = I_p$$

在这种情况下，流过中线的电流 $I_0 = 0$，所以可以省去中线。

当对称三相负载按 △ 形连接时，有

$$I_l = \sqrt{3}\, I_p, \quad U_l = U_p$$

（2）不对称三相负载按 Y 连接时，必须采用三相四线制接法，即 Y_0 接法。而且中线必须牢固连接，以保证三相不对称负载的每相电压维持对称不变。

倘若中线断开，会导致三相负载电压的不对称，致使负载轻的那一相的相电压过高，使负载遭受损坏；负载重的一相相电压又过低，使负载不能正常工作。尤其是对于三相照明负载，无条件地一律采用 Y_0 接法。

（3）当不对称负载按 △ 连接时，$I_l \neq \sqrt{3}\, I_p$，但只要电源的线电压 U_l 对称，加在三相负载上的电压仍是对称的，对各相负载工作没有影响。

四、实验内容

1. 三相负载的星形连接

按照图 2.17 连接好实验电路。即三相灯组负载经三相自耦调压器接通三相对称电源。将三相调压器的旋柄置于输出为 0 V 的位置（即逆时针旋到底）。经指导教师检查合格后，方可开启实验台电源，然后调节调压器的输出，使输出的三相线电压为 220 V，并按下述内容完成各项实验，分别测量三相负载的线电压、相电压、线电流、相电流、中线电流、电源与负载中点间的电压。将所测得的数据记入表 2.33 中，并观察各相灯组亮暗的变化程度，特别要注意观察中线的作用。

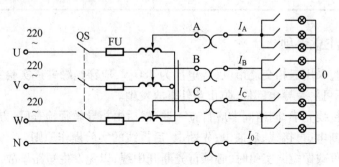

图 2.17　三相负载的星形连接

表 2.33　三相负载的星形连接实验数据

实验内容 （负载情况）	开灯盏数			线电流/A			线电压/V			相电压/V			中线 电流	中点 电压
	A 相	B 相	C 相	I_A	I_B	I_C	U_{AB}	U_{BC}	U_{CA}	U_{A0}	U_{B0}	U_{C0}	I_0/A	U_{N0}/V
Y_0 接平衡负载	3	3	3											
Y 接平衡负载	3	3	3											
Y_0 接不平衡负载	1	2	3											
Y 接不平衡负载	1	2	3											
Y_0 接 B 相断开	1		3											
Y 接 B 相断开	1		3											
Y 接 B 相短路	1		3											

2. 三相负载的三角形连接

按图 2.18 连接实验线路,经指导教师检查合格后接通三相电源,并调节三相调压器,使其输出线电压为 220 V,并按表 2.34 的内容进行测试。

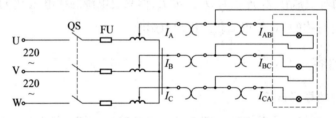

图 2.18　三相负载的三角形连接

表 2.34　三相负载的三角形连接实验数据

负载情况	开 灯 盏 数			线电压 = 相电压/V			线电流/A			相电流/A		
	AB 相	BC 相	CA 相	U_{AB}	U_{BC}	U_{CA}	I_A	I_B	I_C	I_{AB}	I_{BC}	I_{CA}
三相平衡	3	3	3									
三相不平衡	1	2	3									

五、实验注意事项

(1) 本实验采用三相交流市电,线电压为 380 V,应穿绝缘鞋进实验室。实验时要注意人身安全,不可触及导电部件,防止意外事故发生。

(2) 每次接线完毕,同组同学应自查一遍,然后由指导教师检查后,方可接通电源,必须严格遵守先断电、再接线、后通电;先断电、后拆线的实验操作原则。

(3) 星形负载做短路实验时,必须首先断开中线,以免发生短路事故。

六、思考题

（1）分析负载不对称又无中线连接时的数据。

（2）中线有何作用？

七、实验报告

（1）绘制实验线路的连接图。

（2）根据测量数据，分析三相负载对称与不对称电路中，相电压、线电压之间的关系。

实验8　三相鼠笼式异步电动机点动和自锁控制

一、实验目的

（1）通过对三相鼠笼式异步电动机点动控制和自锁控制线路的实际安装接线，掌握由电气原理图变换成安装接线图的知识。

（2）通过实验进一步加深理解点动控制和自锁控制的特点。

（3）通过各种不同顺序控制的接线，加深对一些特殊要求机床控制线路的了解。

（4）进一步加强学生的动手能力和理解能力，使理论知识和实际经验进行有效的结合。

二、实验设备

实验设备明细见表2.35。

表 2.35　实验设备明细

序号	名称	型号与规格	数量	备注
1	三相交流电源	380 V	1	
2	三相鼠笼式异步电动机	WDJ26	1	
3	交流接触器		1	ZDD－19
4	按钮		2	ZDD－19
5	交流电压表	0～500 V	1	
6	万用表		1	自备

三、原理说明

（1）继电－接触控制在各类生产机械中获得广泛的应用，凡是需要进行前后、上下、左右、进退等运动的生产机械，均采用传统的典型的正、反转继电－接触控制。

交流电动机继电－接触控制电路的主要设备是交流接触器，其主要构造为：

① 电磁系统。铁芯、吸引线圈和短路环。

② 触头系统。主触头和辅助触头,还可按吸引线圈得电前后触头的动作状态,分动合(常开)、动断(常闭)两类。

③ 消弧系统。在切断大电流的触头上装有灭弧罩,以迅速切断电弧。

④ 接线端子、反作用弹簧等。

(2) 在控制回路中常采用接触器的辅助触头来实现自锁和互锁控制。要求接触器线圈得电后能自动保持动作后的状态,这就是自锁,通常用接触器自身的动合触头与启动按钮相并联来实现,以达到电动机长期运行的目的,这一动合触头称为"自锁触头"。使两个电器不能同时得电动作的控制,称为互锁控制,如为了避免正、反转两个接触器同时得电而造成三相电源短路事故,必须增设互锁控制环节。为操作的方便,也为防止因接触器主触头长期大电流的烧蚀而偶发触头粘连后造成的三相电源短路事故,通常在具有正、反转控制的线路中采用既有接触器的动断辅助触头的电气互锁,又有复合按钮机械互锁的双重互锁的控制环节。

(3) 控制按钮通常用以短时通、断小电流的控制回路,以实现近、远距离控制电动机等执行部件的启、停或正、反转控制。按钮是专供人工操作使用。对于复合按钮,其触点的动作规律是:当按下时,其动断触头先断,动合触头后合;当松手时,则动合触头先断,动断触头后合。

(4) 在电动机运行过程中,应对可能出现的故障进行保护。

采用熔断器作短路保护,当电动机或电器发生短路时,及时熔断熔体,达到保护线路、保护电源的目的。熔体熔断时间与流过的电流关系称为熔断器的保护特性,这是选择熔体的主要依据。

采用热继电器实现过载保护,使电动机免受长期过载的危害。其主要的技术指标是整定电流值,即电流超过此值的 20% 时,其动断触头应能在一定时间内断开,切断控制回路,动作后只能由人工进行复位。

(5) 在电气控制线路中,最常见的故障发生在接触器上。接触器线圈的电压等级通常有 220 V 和 380 V 等,使用时必须认清,切勿疏忽,否则,电压过高易烧坏线圈,电压过低,吸力不够,不易吸合或吸合频繁,这不但会产生很大的噪声,也因磁路气隙增大,致使电流过大,易烧坏线圈。此外,在接触器铁芯的部分端面嵌装有短路铜环,其作用是为了使铁芯吸合牢靠,消除颤动与噪声。若发现短路环脱落或断裂现象,接触器将会产生很大的振动与噪声。

四、实验内容

认识各电器的结构、图形符号、接线方法,抄录电动机及各电器铭牌数据,并用万用表 Ω 挡检查各电器线圈、触头是否完好。

鼠笼式异步电动机接成 △ 接法;实验线路电源端接三相电源输出端 U、V、W,供电线电压为 380 V(调节三相调压器使输出线电压为 380 V)。

1. 点动控制

按图 2.19 所示的点动控制线路进行安装接线,接线时,先接主电路,即从 380 V 三相交流电源的输出端 U、V、W 开始,经接触器 KM1 的主触头,到电动机 M 的三个接线端 A、B、C,用导线按顺序串联起来。主电路连接完整无误后,再连接控制电路,即从 380 V 三相交流电源某输出端(如 W)开始,经过常开按钮 SB1、接触器 KM 的线圈、热继电器 FR 的常闭触头到三相交流电源的零线 N。显然这是对接触器 KM 线圈供电的电路。

接好线路,经指导教师检查后,方可进行通电操作。

(1) 开启电源总开关,按启动按钮,三相交流电源输出线电压为 380 V。

(2) 按启动按钮 SB1,对电动机 M 进行点动操作,比较按下 SB1 与松开 SB1 电动机和接触器的运行情况。

(3) 实验完毕,按停止按钮,切断实验线路三相交流电源。

2. 自锁控制电路

按图 2.20 所示自锁线路进行接线,它与图 2.19 的不同点在于控制电路中多串联一只常闭按钮 SB2,同时在 SB1 上并联一只接触器 KM 的常开触头,它起自锁作用。

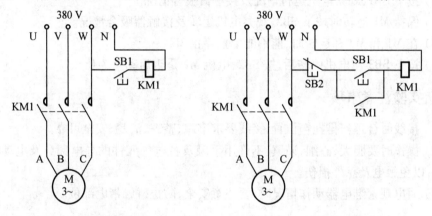

图 2.19　点动控制线路　　　　图 2.20　自锁控制线路

接好线路经指导教师检查后,方可进行通电操作。

(1) 按三相交流电源启动按钮,接通 380 V 三相交流电源。

(2) 按启动按钮 SB1,松手后观察电动机 M 是否继续运转。

(3) 按停止按钮 SB2,松手后观察电动机 M 是否停止运转。

(4) 按三相交流电源停止按钮,切断实验线路三相电源,拆除控制回路中自锁触头 KM,再接通三相电源,启动电动机,观察电动机及接触器的运转情况。从而验证自锁触头的作用。

实验完毕,按三相交流电源停止按钮,切断实验线路的三相交流电源。

3. 两台电动机的顺序启动控制电路

两台电动机的顺序启动控制电路如图 2.21 所示,实验需用 M1、M2 两只电机,本次实验电机接成 △ 接法。图中 U、V、W 接实验台上三相调压器的输出插孔(U、V、W),输出线电压调为 380 V。

(1) 按图 2.21 接线。

(2) 将调压器手柄逆时针旋转到底,启动实验台电源,调节调压器使输出线电压为 380 V。

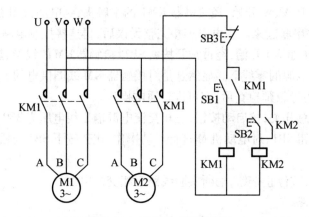

图 2.21　顺序启动控制电路

（3）按下 SB1,观察电机运行情况及接触器吸合情况。

（4）保持 M1 运转时按下 SB2,观察电机运转及接触器吸合情况。

（5）在 M1 和 M2 都运转时,能不能单独停止 M2?

（6）按下 SB3 使电机停转后,按 SB2,电机 M2 是否启动? 为什么?

五、实验注意事项

（1）接线时合理安排挂箱位置,接线要求牢靠、整齐、清楚、安全可靠。

（2）操作时要胆大、心细、谨慎,不许用手触及各电气元件的导电部分及电动机的转动部分,以免触电及意外损伤。

（3）通电观察继电器动作情况时,要注意安全,防止碰触带电部位。

六、思考题

（1）试比较点动控制线路与自锁控制线路从结构上看主要区别是什么? 从功能上看主要区别是什么?

（2）自锁控制线路在长期工作后可能失去自锁作用。试分析产生的原因是什么?

（3）交流接触器线圈的额定电压为 220 V,若误接到 380 V 电源上会产生什么后果?

实验 9　三相鼠笼式异步电动机正反转控制

一、实验目的

（1）通过对三相鼠笼式异步电动机正反转控制线路的安装接线,掌握由电气原理图接成实际操作电路的方法。

（2）加深对电气控制系统各种保护、自锁、互锁等环节的理解。

（3）学会分析、排除继电接触控制线路故障的方法。

二、实验设备

实验设备明细见表 2.36。

表 2.36   实验设备明细

序号	名称	型号与规格	数量	备注
1	三相交流电源	380 V	1	
2	三相鼠笼式异步电动机	WDJ26	1	
3	交流接触器		2	ZDD – 19
4	按钮		3	ZDD – 19
5	交流电压表	0 ~ 500 V	1	
6	万用表	MY61	1	自备

三、原理说明

在鼠笼式异步电动机正反转控制线路中,通过相序的更换来改变电动机的旋转方向。本实验给出不同的正、反转控制线路,具有如下特点:

1. 电气互锁

为了避免接触器 KM1(正转)、KM2(反转)同时得电吸合造成三相电源短路,在 KM1(KM2)线圈支路中串接有 KM1(KM2)动断触头,它们保证了线路工作时 KM1、KM2 不会同时得电,以达到电气互锁目的。

2. 电气和机械双重互锁

除电气互锁外,可再采用复合按钮 SB1 与 SB2 组成的机械互锁环节,以求线路工作更加可靠。

四、实验内容

认识各电器的结构、图形符号、接线方法,抄录电动机及各电器铭牌数据,并用万用表 Ω 挡检查各电器线圈、触头是否完好。

鼠笼式异步电动机接成 △ 接法;实验线路电源端接三相交流电源输出端 U、V、W,供电线电压为 380 V(调节三相调压器使输出线电压为 380 V)。

1. 接触器联锁的正反转控制电路

按图 2.22 接线,经指导教师检查后,方可进行通电操作。

(1)开启电源总开关,按启动按钮,接通 380 V 三相交流电源。

(2)按正向启动按钮 SB1,观察并记录电动机的转向和接触器的运行情况。

(3)按反向启动按钮 SB2,观察并记录电动机和接触器的运行情况。

(4)按停止按钮 SB3,观察并记录电动机的转向和接触器的运行情况。

(5)再按 SB2,观察并记录电动机的转向和接触器的运行情况。

(6)实验完毕,按控制屏停止按钮,切断三相交流电源。

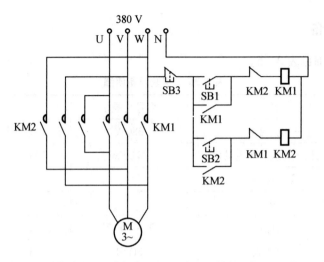

图 2.22　接触器联锁的正反转控制电路

2. 按钮联锁的正反转控制电路

按图 2.23 接线，经指导教师检查后，方可进行通电操作。

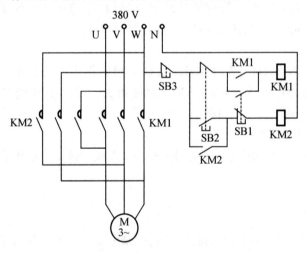

图 2.23　按钮联锁的正反转控制电路

（1）按三相交流电源启动按钮，接通 380 V 三相交流电源。

（2）按正向启动按钮 SB1，观察电动机的转向及接触器的动作情况。

（3）按反向启动按钮 SB2，观察电动机的转向及接触器的动作情况。

（4）按停止按钮 SB3，观察电动机的转向和接触器的运行情况。

（5）实验完毕，按三相交流电源停止按钮，切断实验线路电源。

3. 接触器和按钮双重联锁的正反转控制电路

按图 2.24 接线，经指导教师检查后，方可进行通电操作。

（1）按启动按钮，接通 380 V 三相交流电源。

（2）按正向启动按钮 SB1，电动机正向启动，观察电动机的转向及接触器的动作情况。按停止按钮 SB3，使电动机停转。

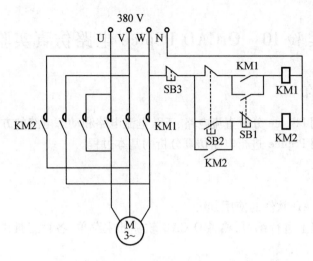

图 2.24　接触器和按钮双重联锁的正反转控制电路

（3）按反向启动按钮 SB2，电动机反向启动，观察电动机的转向及接触器的动作情况。按停止按钮 SB3，使电动机停转。

（4）按正向（或反向）启动按钮，电动机启动后，再按反向（或正向）启动按钮，观察有何情况发生？

（5）电动机停稳后，同时按正、反向两只启动按钮，观察有何情况发生？

（6）实验完毕，按三相交流电源停止按钮，切断实验线路电源。

五、故障分析

（1）接通电源后，按启动按钮（SB1 或 SB2），接触器吸合，但电动机不转，且发出"嗡嗡"声响或电动机能启动，但转速很慢。这种故障来自主回路，大多是一相断线或电源缺相。

（2）接通电源后，按启动按钮（SB1 或 SB2），若接触器通断频繁，且发出连续的噼啪声或吸合不牢，发出颤动声，此类故障原因可能是：

① 线路接错，将接触器线圈与自身的动断触头串在一条回路上了。

② 自锁触头接触不良，时通时断。

③ 接触器铁芯上的短路环脱落或断裂。

④ 电源电压过低或与接触器线圈电压等级不匹配。

六、思考题

（1）在电动机正、反转控制线路中，为什么必须保证两个接触器不能同时工作？采用哪些措施可解决此问题，这些方法有何利弊，最佳方案是什么？

实验 10　OrCAD PSpice 电路仿真实验

一、实验目的

（1）学习运用 PSpice 分析直流电路、正弦电流电路和动态电路的方法。
（2）掌握利用 PSpice 进行电路仿真分析的基本过程。

二、预习要求

（1）了解 OrCAD 软件的使用方法。
（2）在计算机上进行练习，熟悉 OrCAD 软件的主菜单、各种工具栏和仪表栏的使用方法。

三、实验解析

【例 2.1】　已知电路如图 2.25 所示，$U_s = 8$ V，求各节点电位、各支路电流和各电阻吸收的功率。

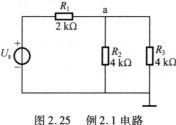

图 2.25　例 2.1 电路

仿真步骤如下。

1. 绘制电路图

（1）按 开始 按钮，选择"所有程序 /OrCAD 15.7 Demo"，点击"OrCAD Capture CIS Demo"，或在桌面双击 图标，进入 Capture 电路图编辑界面。

（2）在 ANALOG 库中提取电阻 R，在 SOURCE 库中提取 VDC。

（3）连线，放置节点符号、接地符号。

（4）按图 2.25 设置电阻和电源参数。

以上各项完成后，得到图 2.26 所示的 PSpice 仿真电路图。保存电路图。

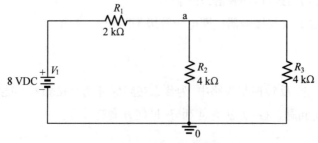

图 2.26　PSpice 仿真电路图

2.确定分析类型及设置分析参数

（1）点击工具按钮▤，在 New Simulation 对话框中键入项目名称，按 Create 按钮，进入 Simulation Settings 对话框，如图 2.27 所示。

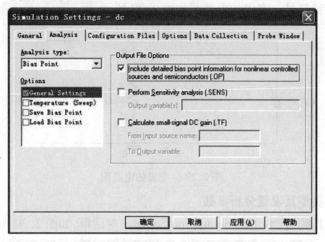

图 2.27　Simulation Settings 对话框

（2）Simulation Settings 中的各项设置。

①Analysis type 选择"Bias Point"。

②Options 选择"General Settings"。

③Output File Options 栏中选择"Include detailed bias point information for nonlinear controlled sources and semiconductors"；设置完毕，点击 确定 按钮。

3.电路仿真分析及分析结果的输出

（1）点击工具按钮▶，调用 PSpice A/D 软件对该电路图进行仿真分析。

（2）返回 Capture 绘图界面，依次点击工具按钮 **V**、**I**、**W**，则电路图上相应位置依次显示节点电位、支路电流及各元器件上的功率损耗。如图 2.28 所示。

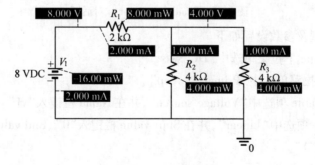

图 2.28　绘制电路图

【例2.2】　电路如图 2.25 所示，当 U_s 从 0 V 连续变化到 10 V 时，求 U_a 的变化曲线。仿真步骤如下。

1. 绘制电路图

重新回到例 2.1 的 Capture 绘图界面,在图 2.26 的仿真电路图中放置电压探针。

点击工具按钮 ,光标即可携带一节点电压探针符号。在节点 a 上单击鼠标左键,即可在该处放置探针符号。完成的电路图如图 2.29 所示。

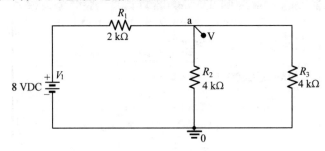

图 2.29　完成的电路图

2. 确定分析类型及设置分析参数

(1) 点击工具按钮 ,进入 Simulation Settings 对话框,如图 2.30 所示。

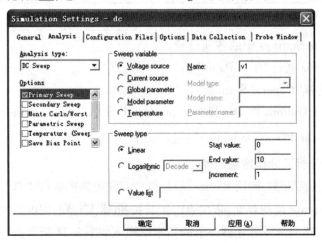

图 2.30　Simulation Settings 对话框

(2) 仿真类型及参数设置如下。

①Analysis type 下拉菜单选中"DC Sweep"。

②Options 下拉菜单选中"Primary Sweep"。

③Sweep variable 项选中"Voltage source",并在 Name 栏键入"v1"。

④Sweep type 项选中"Linear",并在 Start value 栏键入"0"、End value 栏键入"10"及 Increment 栏键入"1"。

以上各项填完之后,按 确定 按钮,即可完成仿真分析类型及分析参数的设置。

3. 电路仿真分析及分析结果的输出

点击工具按钮 ,即可在启动的 PSpice A/D 视窗中自动显示探针符号放置处的电压波形,如图 2.31 所示。

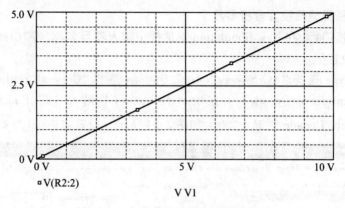

图 2.31 探针符号放置处的电压波形

【例2.3】 电路如图 2.32 所示，$\dot{I}_s = 1\angle 0°A$，$R_1 = 1\ k\Omega$。利用 PSpice 求频率从 1 kHz 到 100 kHz 时 $\dot{U}_R$ 的频率特性。

仿真步骤如下。

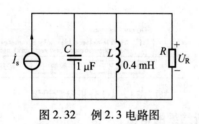

图 2.32 例 2.3 电路图

1. 绘制电路图

（1）按 ![开始] 按钮，点击程序"OrCAD 15.7 Demo"，点击"OrCAD Capture CIS Demo"，进入 Capture 电路图编辑界面。

（2）在 ANALOG 库中选取电容 C、电感 L、电阻 R 符号；在 SOURCE 库中选取交流电流源 IAC 符号。

（3）连线，放置节点、接地符号。

（4）按图 2.32 设置各元件和电源参数。

（5）放置节点电压探针。

绘制好的电路图如图 2.33 所示。

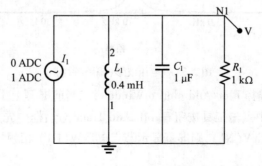

图 2.33 绘制好的电路图

2. 确定分析类型及设置分析参数

点击工具按钮 ▤,在 New Simulation 对话框中键入项目名称,按"Create"按钮,进入 AC 分析参数设置框。

Analysis type 选择"AC Sweep/Noise",Options 选择"General Settings",AC Sweep Type 选择"Logarithmic/Decade",并在 Start Frequency 栏键入"1k"、End Frequency 栏键入"100k"、Points/Decade 栏键入"50",如图 2.34 所示。设置完毕,点击 确定 按钮。

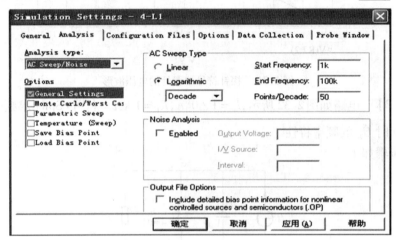

图 2.34　AC 分析参数设置

3. 电路仿真分析及分析结果的输出

点击工具按钮 ▶,即可在启动的 PSpice A/D 视窗中自动显示探针符号放置处的电压波形(幅频特性),如图 2.35 所示。

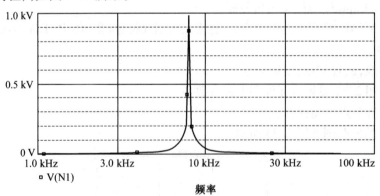

图 2.35　电压波形(幅频特性)

在 Probe 窗口中选择 Plot/Add plot to Window,在当前屏幕上添加一个新的波形显示窗口。在新增的窗口中点击工具按钮 ▥,在 Add Trace 对话框中先点击右侧的函数 P( ),再点击左侧的基本变量 V(N1),则屏幕显示节点电压 V(N1)相频特性曲线(其中 d 表示度),如图 2.36 所示。

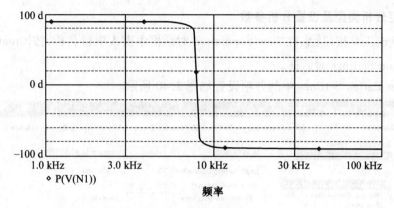

图 2.36 相频特性曲线

【例 2.4】 电路如图 2.37 所示,$R_1 = 2 \text{ k}\Omega$,$C_1 = 0.1 \text{ }\mu\text{F}$。当电源为如图 2.38 所示波形时,观察电容的充放电过程。

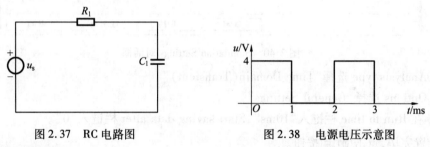

图 2.37 RC 电路图   图 2.38 电源电压示意图

仿真步骤如下。

1. 绘制电路图

(1) 按 开始 按钮,点击程序"OrCAD 15.7 Demo",点击"OrCAD Capture CIS Demo",进入 Capture 电路图编辑界面。

(2) 在 SOURCE 库中调用脉冲源 VPULSE,在 ANALOG 库中调用电阻 R、电容 C。

(3) 放置接地符号。

(4) 连接线路。

(5) 设置节点别名 n1,设置图中元器件参数值。

绘好的电路如图 2.39 所示。

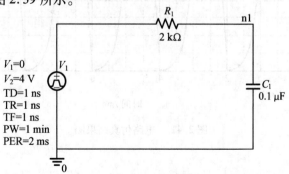

图 2.39 RC 绘制图

2.确定分析类型及设置分析参数

（1）点击工具按钮█，在 New Simulation 对话框中键入项目名称，按 Create 按钮，进入 Simulation Settings 对话框。

（2）Simulation Settings 中的各项设置如图 2.40 所示。

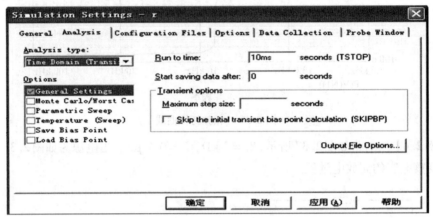

图 2.40　Simulation Settings 对话框

①Analysis type 选择"Time Domain（Transient）"。

②Options 选择"General Settings"。

③在 Run to time 栏键入"10ms"，Start saving data after 栏键入"0"。

设置完毕，点击 确定 按钮。

3.电路仿真分析及分析结果的输出

（1）点击工具按钮▶，调用 PSpice A/D 软件对该电路图进行仿真。

（2）点击工具按钮█，在 Add Trace 对话框中点击 V(n1) 后，按 OK 按钮，屏幕显示电容电压的仿真结果如图 2.41 所示。

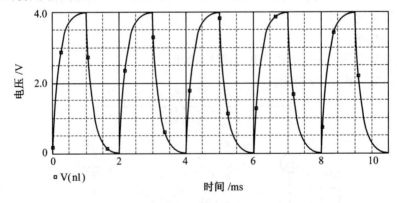

图 2.41　电路仿真结果图

四、实验内容

（1）图 2.42 中，直流电流源 $I_s = 1$ A，直流电压源 $U_s = 1.5$ V，电阻 $R_1 = 4$ Ω，$R_2 = 4$ Ω，$R_3 = 4$ Ω，$R_4 = 4$ Ω。求节点 a 的电位及电阻 R_1 的吸收功率。

结论：节点 a 的电位为_____，R_1 的吸收功率为_____。

（2）电路如图 2.43 所示，当直流电压源由 1 V 连续变化到 5 V 时，用仿真分析方法求图中节点 n 的电压变化曲线，并绘在坐标纸中。

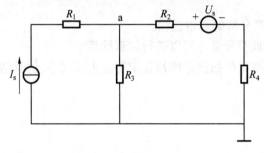

图 2.42　电路仿真图（1）

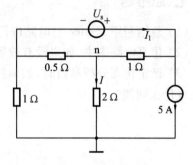

图 2.43　电路仿真图（2）

（3）电路如图 2.44 所示，$\dot{U}_s = 10\angle 0°$ V，频率变化范围为 100 Hz ～ 10 kHz。试对该电路进行仿真分析，并解答下列问题：

① 绘制电压 $\dot{U}_{n2}$ 的幅频特性及相频特性曲线。

② 通过幅频特性求得频率 $f =$ _____时，电压 $\dot{U}_{n2}$ 的幅值最大，为_____。

③ 通过相频特性求出 $\dot{U}_{n2}$ 幅角随频率变化的范围，为_____。

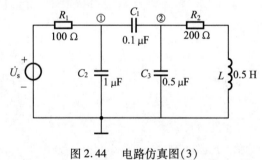

图 2.44　电路仿真图（3）

（4）实验电路如图 2.37 所示，电源波形如图 2.38 所示，$R_1 = 1$ kΩ，$C_1 = 0.1$ μF，用仿真方法求 $u_R(t)$ 的变化曲线，并在坐标纸中绘制波形。改变 R 或 C，观察 $u_R(t)$ 怎样变化，总结其变化规律。

五、实验预习要求

（1）预习用 Capture 软件绘制电路图的有关内容。

（2）预习直流工作点及直流扫描分析的设置方法。

（3）预习交流频率特性分析参数的设置方法。

（4）预习对动态电路进行时域分析的方法及扫描类型的设置。

六、实验报告要求

（1）保存仿真实验电路图及仿真输出波形结果或数据结果。按照实验内容的要求，对仿真结果进行整理、分析，得出结论。

（2）根据仿真结果，定性画出各实验内容的波形曲线。

七、思考题

（1）总结利用 PSpice 对电路进行仿真分析的基本过程。

（2）仿真电路图中，如果没有放置接地符号是否可以进行仿真计算？

（3）设定仿真分析参数时，如果扫描变量的扫描范围被设定得过大或过小，仿真结果会出现什么问题？

第 3 章

电子技术

实验 1 常用电子仪器仪表的使用

一、实验目的

（1）掌握用双踪示波器观察、测量波形的幅值、频率及相位的基本方法。

（2）学习和掌握函数信号发生器、示波器、交流毫伏表等电子仪器的主要性能及技术指标。

（3）掌握常用电子仪器仪表综合应用的测量方法。

二、实验设备与器件

（1）函数信号发生器：1 台。

（2）双踪示波器：1 台。

（3）交流毫伏表：1 台。

三、实验原理

在电子技术基础实验中，最常用的电子仪器有直流稳压电源、交流毫伏表、函数信号发生器、示波器等。电子技术电路中常用电子仪器布局如图 3.1 所示。

1. 直流稳压电源

直流稳压电源是为被测实验电路提供能源的仪器，通常输出直流电压。

2. SG1020A 函数信号发生器

函数信号发生器是用来产生信号源的仪器，可以产生正弦波、三角波、方波等信号，输出的信号（频率和幅度）均可调节，可根据被测电路的要求选择输出波形。

3. DS2202 双踪示波器

双踪示波器用来观察、测量实验电路的输入和输出信号。通过示波器可以显示电压的波形，可以测量频率、周期及其他有关参数。

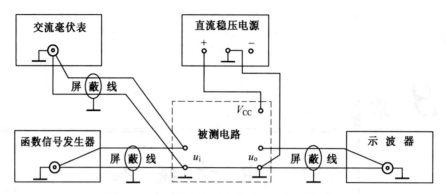

图 3.1　电子技术电路中常用电子仪器布局图

四、实验内容

1. 用机内校正信号对示波器进行自检

（1）扫描基线调节。

将示波器的显示方式开关置于"单踪"显示（CH1 或 CH2），输入耦合方式开关置于"GND"，触发方式开关置于"自动"。开启电源开关后，调节"辉度""聚焦"等旋钮，使荧光屏上显示一条细而且亮度适中的扫描基线。然后调节"X 轴位移"（⇆）和"Y 轴位移"（↑↓）旋钮，使扫描线位于屏幕中央，并且能上下左右移动自如。

（2）测试"校正信号"波形的幅度、频率。

将示波器的"校正信号"通过探头引入选定的通道（CH1 或 CH2），将 Y 轴"输入耦合方式"开关置于"AC"或"DC"，触发源选择开关置于"内"，内触发源选择开关置于"CH1"或"CH2"。调节 X 轴"扫描速率"开关（TIME/div）和 Y 轴"输入灵敏度"开关（VOLTS/div），使示波器显示屏上显示出一个周期稳定的方波波形，将数据填入表 3.1 中。

表 3.1　用示波器内部校正信号自检示波器数据

"扫描速率"开关 TIME/div 位置	波形 X 方向格数	周期 T	频率 f	Y 轴"输入灵敏度"开关（VOLTS/div）位置	波形 Y 方向格数	幅度 V

由"扫描开关"所指值（TIME/div）和一个波形周期的格数决定信号周期 T，即

$$周期\ T = 所占格数 \times (TIME/div)$$

由"幅度开关"所指值（VOLTS/div）和波形在垂直方向显示的格数决定信号幅值，即

$$峰-峰值\ V_{p-p} = 所占格数 \times (VOLTS/div)$$

注意：将 Y 轴"输入灵敏度"开关（VOLTS/div）的套轴旋钮微调慢旋到校准位置，即顺时针旋到底，此时即是测得的校准信号。

2. 用示波器测量直流电压

（1）选择零电平参考基准线。

将 Y 轴"输入耦合方式"开关置"GND"，调节 Y 轴位移旋钮，使扫描线对准屏幕某一条水平线，则该水平线为零电平参考基准线。

（2）再将耦合方式开关置"DC"位置,灵敏度微调旋钮置"校准"位置。

（3）接入被测直流电压,调节灵敏度旋钮,使扫描线处于适当高度位置。

（4）读取扫描线在 Y 轴方向偏移零电平参考基准线的格数,则被测直流电压 U 为

$$U = 偏移格数 × （V/div）$$

3. 用示波器测量交流电压

（1）用函数信号发生器产生输出信号。按下函数信号发生器 函数 功能键,可以进入"函数"主功能模式下,选择"正弦"。按下 频率 功能键,在"频率"主功能模式下,设定输出信号频率（图 3.2）,使输出频率为 10 kHz。按下 幅度 功能键,在"幅度"主功能模式下,设定输出信号幅度,使输出信号是

图 3.2　设定输出信号频率

峰 – 峰值分别为 2 V、3 V、4 V、5 V 的正弦波信号,用示波器测量其峰 – 峰值 V_{p-p}、频率、周期,并计算其有效值,记入表 3.2 中。

由"扫描开关"所指值（TIME/div）和一个波形周期的格数决定信号周期 T,即

$$周期 T = 所占格数 × （TIME/div）$$

由"幅度开关"所指值（VOLTS/div）和波形在垂直方向显示的格数决定信号幅值,即

$$峰 – 峰值 V_{p-p} = 所占格数 × （VOLTS/div）$$

$$信号有效值 = 峰 – 峰值 / \sqrt{2}$$

表 3.2　示波器测量交流电压数据表

函数信号发生器显示的峰 – 峰值 /V (f = 10 kHz)	用示波器测量			
	峰 – 峰值 V_{p-p}/V	周期	频率	计算有效值 V_{rms}
2				
3				
4				
5				

（2）用函数信号发生器产生频率为 100 Hz 的方波,使输出信号峰 – 峰值分别为 2 V、1 V、500 mV,用示波器测量其峰 – 峰值 V_{p-p}、频率、周期,并计算其有效值,记入表 3.3 中。

表 3.3　示波器测量交流电压数据表

函数信号发生器显示的峰 – 峰值 /V (f = 100 kHz)	用示波器测量			
	峰 – 峰值 V_{p-p}/V	周期	频率	计算有效值 V_{rms}
2 V				
1 V				
500 mV				

4. 用交流毫伏表测量交流电压

用函数信号发生器产生频率 $f = 1$ kHz, 幅度峰－峰值分别为 1 V、2 V、3 V、4 V、5 V 时的波形, 用交流毫伏表分别测量出相应的电压值(有效值), 记入表 3.4 中。

表 3.4　用交流毫伏表测量交流电压数据表

函数信号发生器产生的信号幅度 (峰－峰值)/V		1	2	3	4	5
交流毫伏表测量电压	有效值 /V					
	峰－峰值 /V					

五、实验预习要求

预习第 1 章 1.8 节、1.9 节、1.11 节常用仪器、仪表及其使用。掌握函数信号发生器、DS2202 示波器、DF2170C 交流毫伏表等仪器前面板的旋钮名称、功能及作用。

六、实验报告要求

总结函数信号发生器、交流毫伏表、双踪示波器等常用电子仪器的使用方法。

七、思考题

(1) 用示波器观察信号波形时, 要达到下面的要求, 应分别调整哪些旋钮?

① 使波形清晰。

② 波形稳定。

③ 改变能观察到的波形的个数。

④ 改变波形的高度。

⑤ 改变波形的宽度。

(2) 示波器的 Y 轴输入在什么情况下用交流耦合, 什么情况下用直流耦合?

(3) 函数信号发生器的波形选择按钮调至正弦波时, 输出必定是正弦波吗?

实验 2　单管共发射极放大电路

一、实验目的

(1) 掌握放大电路静态工作点的调试与测量方法。

(2) 掌握放大器电压放大倍数、输入电阻、输出电阻及最大不失真输出电压的测试方法。

(3) 分析静态工作点对放大器性能的影响。

(4) 观察放大电路静态工作点的设置与波形失真的关系。

(5) 熟悉常用电子仪器及模拟电路实验设备的使用。

二、实验设备与器件

(1) 模拟实验箱:1 台。
(2) 函数信号发生器:1 台。
(3) 双踪示波器:1 台。
(4) 交流毫伏表:1 台。
(5) 数字万用表:1 个。

三、实验原理

图3.3为共射极分压式偏置放大器实验电路图。它的偏置电路采用R_{B1}和R_{B2}组成的分压电路,其中通过改变电位器R_{w1}来改变R_{B2}的值,进而调整静态工作点,并在发射极中接有电阻R_{E1},以稳定放大器的静态工作点。当在放大器的输入端加输入信号u_i后,在放大器的输出端便可得到一个与u_i相位相反,幅值被放大了的输出信号u_o,从而实现了电压放大。

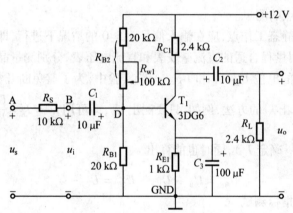

图3.3 共射极分压式偏置放大器实验电路

在图3.3所示电路中,当流过偏置电阻R_{B1}和R_{B2}的电流远大于三极管T_1的基极电流I_B时(一般为 5 ~ 10 倍),它的静态工作点可用下式估算:

$$U_D = \frac{R_{B1}}{R_{B1} + R_{B2}} V_{CC}$$

$$I_{E1} = \frac{U_D - U_{BE}}{R_{E1}} \approx I_{C1}$$

$$U_{CE} = V_{CC} - I_{C1}(R_{C1} + R_{E1})$$

电压放大倍数为

$$A_u = -\beta \frac{R_{C1} /\!/ R_{L1}}{r_{be}}$$

输入电阻为

$$R_i = R_{B1} /\!/ R_{B2} /\!/ r_{be}$$

输出电阻为

$$R_{\text{o}} \approx R_{\text{C1}}$$

放大器的测量与调试一般包括:放大器静态工作点的测量与调试、放大器各项动态参数的测量与调试。

1. 静态工作点

(1) 静态工作点的选取与调整。

放大器的静态工作点是由三极管和放大器的偏置电路共同决定的,它的选取十分重要,静态工作点是否合适对放大器的性能和输出波形都有很大影响。如工作点偏高,放大器在加入交流信号以后易产生饱和失真,对 NPN 管而言,此时 u_{o} 的负半周将被削底,如图 3.4(a) 所示;如工作点偏低则易产生截止失真;对 NPN 管而言,u_{o} 的正半周将被缩顶(一般截止失真不如饱和失真明显),如图 3.4(b) 所示。

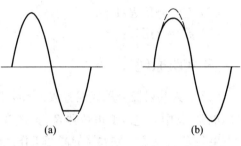

图 3.4　静态工作点对 u_{o} 波形失真的影响

(2) 静态工作点的测量。

测量放大器的静态工作点,应在输入信号 $u_{\text{i}} = 0$ 的情况下进行,即将放大器输入端与地端短接,然后选用量程合适的直流毫安表和直流电压表,分别测量晶体管的集电极电流 I_{C} 以及各电极对地的电位 U_{B}、U_{C} 和 U_{E}。一般实验中,为了避免断开集电极,采用测量电压 U_{E} 或 U_{C},然后算出 I_{C} 的方法,例如,只要测出 U_{E},即可用 $I_{\text{C}} \approx I_{\text{E}} = \dfrac{U_{\text{E}}}{R_{\text{E}}}$ 算出 I_{C}(也可根据

$I_{\text{C}} = \dfrac{V_{\text{CC}} - U_{\text{C}}}{R_{\text{C}}}$,由 U_{C} 确定 I_{C}),同时也能算出

$$U_{\text{BE}} = U_{\text{B}} - U_{\text{E}}, \quad U_{\text{CE}} = U_{\text{C}} - U_{\text{E}}$$

2. 放大器动态指标测试

放大器动态指标包括电压放大倍数、输入电阻、输出电阻、最大不失真输出电压(动态范围)和通频带等。

(1) 电压放大倍数 A_{u} 的测量。

图 3.3 所示的放大电路的动态负载电阻为 $R_{\text{c}} /\!/ R_{\text{L}}$(忽略三极管的输出电阻 r_{ce}),放大电路的电压放大倍数为

$$A_{\text{u}} = -\beta \frac{R_{\text{c}} /\!/ R_{\text{L}}}{r_{\text{be}}}$$

式中的负号表示输出电压 u_{o} 与输入电压 u_{i} 的相位相反。当放大电路输出端开路时,电压放大倍数比接负载 R_{L} 时高。此外,负载 R_{L} 越小,则电压放大倍数越低。

在实验中,对于电压放大倍数的测量,应先调整放大器到合适的静态工作点,然后再加入输入电压 u_{i},在输出电压 u_{o} 不失真的情况下,用交流毫伏表测出 u_{i} 和 u_{o} 的有效值 U_{i} 和 U_{o},则

$$A_{\text{u}} = \frac{U_{\text{o}}}{U_{\text{i}}}$$

（2）输入电阻 R_i 的测量。

输入电阻 R_i 的测量采用间接测量方法，测量电路如图 3.5 所示。放大电路对信号源来说是一个负载，可用一个电阻来等效代替。这个电阻是信号源的负载电阻，也就是放大电路的输入电阻 R_i，它对交流信号而言是一个动态电阻。

测量方法为，在被测放大器的输入端与信号源之间串入一已知电阻 R，用交流毫伏表测出 U_s 和 U_i，则根据输入电阻的定义可得

$$R_i = \frac{U_i}{I_i} = \frac{U_i}{\dfrac{U_R}{R}} = \frac{U_i}{U_s - U_i}R$$

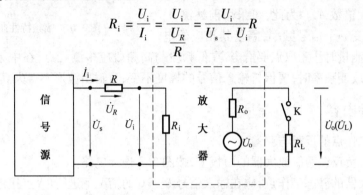

图 3.5　输入、输出电阻测量电路

测量时应注意下列几点：

① 由于电阻 R 两端没有电路公共接地点，所以测量 R 两端电压 U_R 时必须分别测出 U_s 和 U_i，然后按 $U_R = U_s - U_i$ 求出 U_R 值。

② 电阻 R 的值不宜取得过大或过小，以免产生较大的测量误差，通常取 R 与 R_i 为同一数量级为好，本实验可取 $R = 1 \sim 2\ \mathrm{k\Omega}$。

（3）输出电阻 R_o 的测量。

输出电阻的测量也采用间接测量方法，测量电路如图 3.5 所示。放大电路对负载（或后级放大电路）来说是一个信号源，其内阻即为放大电路的输出电阻 R_o，它是一个动态电阻。在放大器正常工作条件下，测出输出端不接负载 R_L 的输出电压 U_o 和接入负载后的输出电压 U_L，根据

$$U_L = \frac{R_L}{R_o + R_L}U_o$$

即可求出

$$R_o = \left(\frac{U_o}{U_L} - 1\right)R_L$$

在测试中应注意，必须保持 R_L 接入前后输入信号的大小不变。

（4）放大器幅频特性的测量。

由于放大器件本身存在极间电容，还有一些放大电路中接有电抗性元件，因此，放大电路的放大倍数将随着信号频率的变化而变化。一般情况下，当频率升高或降低时，放大倍数都将减小，而在中间一段频率范围内，因各种电抗性元件作用可以忽略，故放大倍数基本不变，用放大器幅频特性来表示放大器的电压放大倍数 A_u 与输入信号频率 f 之间的关系，单管阻容耦合放大电路的幅频特性曲线如图 3.6 所示，A_{um} 为中频电压放大倍数，通

常规定电压放大倍数随频率变化下降到中频放大倍数的 70.7%，即 $0.707A_{um}$ 所对应的频率分别称为下限频率 f_L 和上限频率 f_H，则通频带 $f_{BW} = f_H - f_L$，通频带越宽，表明放大电路对信号频率的变化具有越强的适应能力。

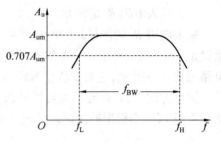

图 3.6　幅频特性曲线

放大器的幅频特性就是测量不同频率信号时的电压放大倍数 A_u。为此，可采用前述测 A_u 的方法，每改变一个信号频率，测量其相应的电压放大倍数，测量时注意取点要恰当，在低频段与高频段应多测几点，在中频段可以少测几点。此外，改变频率时，要保持输入信号的幅度不变，且输出波形不得失真。

四、实验内容

1. 静态工作点的调整与测量

在单管／负反馈两级放大器的面板上，按图 3.3 连接电路。

测量放大器的静态工作点，应在输入信号 $U_s = 0$ 的情况下进行（A 点接地），即将放大器输入端与地端短接，再将 R_{w1} 调至最大，接通 +12 V 电源，调节 R_{w1}，使 $I_C = 2.0$ mA（即 $U_E = 2.0$ V，用万用表直流电压挡测量 U_E，使 $U_E = 2.0$ V），再用万用表的直流电压挡测量 U_B、U_C 及用万用表欧姆挡测量 R_{B2} 值。记入表 3.5 中。

注意：测 R_{B2} 时，一定要断开电源，且将 R_{B2} 的一端与电路断开。

表 3.5　静态工作点数据表　　$I_C = 2$ mA

万用表测量值				计　算　值		
U_B/V	U_E/V	U_C/V	$R_{B2}/k\Omega$	U_{BE}/V	U_{CE}/V	I_C/mA

2. 放大电路动态参数测试

（1）测量电压放大倍数 A_u。

在放大器输入端加入频率为 1 kHz 的正弦信号 u_i，调节函数信号发生器的幅度旋钮使放大器输入电压 $U_i \approx 20$ mV（用毫伏表测量），同时用示波器观察放大器输出电压 u_o 波形，在波形不失真的条件下用交流毫伏表测量三种情况下的 U_o 值，并用双踪示波器观察 u_o 和 u_i 的相位关系，记入表 3.6 中。

表 3.6　测量放大倍数数据表　　$I_C = 2.0$ mA

U_i/mV	$R_C/k\Omega$	$R_L/k\Omega$	U_o/mV	A_u	观察记录一组 u_o 和 u_i 波形	
20	2.4	∞（R_L 断开）				
20	1.2	∞（R_L 断开）				
20	2.4	2.4				

（2）测量输入电阻 R_i 和输出电阻 R_o。

置 $R_C = 2.4 \text{ k}\Omega, R_L = 2.4 \text{ k}\Omega, I_C = 2.0 \text{ mA}$，信号发生器的输出与放大电路的 U_s 端相连（A 端），输入 $f = 1 \text{ kHz}$ 的正弦信号，用示波器观察放大电路的输出信号 u_o，在其不失真的情况下，用交流毫伏表测量放大电路的 B 端信号 U_i 和 A 端信号 U_s，输出电压 U_L 记入表 3.7 中。保持 U_s 不变，断开 R_L（取下电阻 2.4 kΩ），测量输出电压 U_o，记入表 3.7 中。

表 3.7　测量输入电阻和输出电阻数据表

U_s/mV	U_i/mV	R_i/kΩ		U_L/mV	U_o/mV	R_o/kΩ	
		测量值	理论值			测量值	理论值

利用下面的公式计算输入电阻和输出电阻：

$$R_i = \frac{U_i}{U_s - U_i} R_s, \quad R_o = \left(\frac{U_o}{U_L} - 1 \right) R_L$$

3. 观察静态工作点对输出波形失真的影响

（1）置 $R_C = 2.4 \text{ k}\Omega, R_L = 2.4 \text{ k}\Omega, u_i = 0$，调节 R_w 使 $I_C = 2.0 \text{ mA}$（测 $U_E = 2 \text{ V}$，即静态工作点在交流负载线中点），测出 U_B、U_C，计算出 U_{CE} 值，记入表 3.8 中。

（2）输入 $f = 1 \text{ kHz}, U_i = 120 \text{ mV}$ 的正弦信号，逐步加大输入信号，使输出电压 u_o 足够大但不失真，然后保持输入信号 U_i 不变（用毫伏表测量此时的 U_i 值），记下 U_i 值。

（3）增大 R_w，使工作点位置偏低，产生截止失真，绘出 u_o 的波形，并测出失真情况下的 I_C 和 U_{CE} 值，记入表 3.8 中。

注：每次测 I_C 和 U_{CE} 值时都要将放大电路输入端短路，$u_i = 0$。

（4）减小 R_w，使工作点位置偏高，产生饱和失真，绘出 u_o 的波形，并测出失真情况下的 I_C 和 U_{CE} 值，记入表 3.8 中。

表 3.8　静态工作点对输出波形失真影响数据表　　$U_i =$ 　 mV

工作点位置	U_C/V	U_E/V	I_C/mA	U_{CE}/V	u_o 波形
R_w 数值适中，工作点位置合适，输出无失真		2	2.0		
R_w 数值太大，工作点位置偏低，输出产生截止失真					
R_w 数值太小，工作点位置偏高，输出产生饱和失真					

注：输出幅度最大且不失真时，I_C 不一定就是 2 mA。

4. 测量放大电路的幅频特性,标出低频截止频率 f_L 和高频截止频率 f_H

取 $I_C = 2.0$ mA(测 $U_E = 2$ V 即静态工作点在交流负载线中点), $R_C = 2.4$ kΩ, $R_L = 2.4$ kΩ,保持输入信号 u_i 的幅度不变(测量过程中始终用晶体管毫伏表监测输入电压,保持输入信号的有效值为 20 mV),以 $f = 1$ kHz 为基本频率,分别向上和向下调节频率,逐点测出相应的输出电压 U_o,记入表 3.9 中。

表 3.9 测量幅频特性数据表 $U_i = 20$ mV

		f_L			f_o			f_H	
f/kHz					1 kHz				
U_o/V									
$A_u = U_o/U_i$									

为了信号源频率取值合适,可先粗测一下,找出中频范围,即输出电压 U_o 不减小的频率范围,然后再仔细读数,中频范围约为 1 kHz。

五、实验预习要求

(1) 复习单管共射极放大电路的基本理论(静态工作点,电压放大倍数,非线性失真,输入、输出电阻及幅频特性等)。

(2) 阅读实验指导书,理解实验原理,了解实验步骤。

(3) 估算放大器的静态工作点,电压放大倍数 A_u,输入电阻 R_i 和输出电阻 R_o。

估算放大器的低频截止频率 f_L 和高频截止频率 f_H。

假设:3DG6 的 $\beta = 100$, $R_{B1} = 20$ kΩ, $R_{B2} = 60$ kΩ, $R_C = 2.4$ kΩ, $R_L = 2.4$ kΩ。

六、实验报告要求

(1) 列表整理测量结果,并把实测的静态工作点、电压放大倍数、输入电阻、输出电阻的值与理论计算值进行比较(取一组数据进行比较),分析产生误差的原因。

(2) 总结 R_C、R_L 及静态工作点对放大器电压放大倍数、输入电阻、输出电阻的影响。

(3) 分析静态工作点的位置对放大电路输出电压波形的影响,以及分压式偏置电路稳定静态工作点的原理。

(4) 回答思考题。

七、思考题

(1) 能否用直流电压表直接测量晶体管的 U_{BE}? 为什么实验中要采用测 U_B、U_E,再间接算出 U_{BE} 的方法?

(2) 怎样测量 R_{B2} 的阻值?

(3) 改变静态工作点对放大器的输入电阻 R_i 是否有影响?改变外接电阻 R_L 对输出电阻 R_o 是否有影响?

(4) 能否用数字万用表测量放大电路的电压放大倍数和幅频特性?为什么?

(5) 放大电路的输入电阻、输出电阻是否可以用欧姆表测量?为什么?

实验 3　射极跟随器

一、实验目的

(1) 掌握射极跟随器的特性及测试方法。

(2) 进一步学习放大器各项参数测试方法。

二、实验设备与器件

(1) 模拟电路实验箱:1 台。

(2) 函数信号发生器:1 台。

(3) 双踪示波器:1 台。

(4) 交流毫伏表:1 台。

(5) 万用表:1 块。

(6) 电阻:若干。

三、实验原理

图 3.7 是一个共集组态的单管放大电路,输入信号和输出信号的公共端是三极管的集电极,所以属于共集组态。又由于输出信号从发射极引出,因此这种电路也称为射极跟随器,它是一个电压串联负反馈放大电路,具有输入电阻高、输出电阻低、电压放大倍数接近于 1、输出电压能够在较大范围内跟随输入电压做线性变化以及输入、输出信号同相等特点。

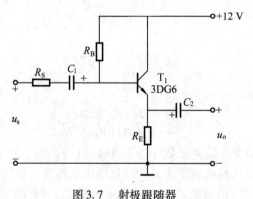

图 3.7　射极跟随器

1. 静态工作点

实验中,可在静态($U_i = 0$,即输入信号对地短路)时测得三极管 T_1 的各电极电位 U_E、U_C、U_B,然后由下列公式计算出静态工作点的各个参数:

$$U_{BE} = U_B - U_E$$

$$I_B = \frac{V_{CC} - U_{BE}}{R_B + (1 + \beta) R_E}$$

$$I_C \approx \beta I_B$$

$$U_{CE} = V_{CC} - I_E R_E \approx V_{CC} - I_C R_E$$

2. 放大电路动态性能指标

（1）输入电阻 R_i。

输入电阻的测试方法同单管放大器，实验线路如图 3.8 所示。

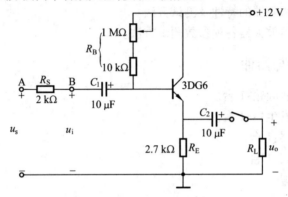

图 3.8　射极跟随器实验电路

$$R_i = \frac{U_i}{I_i} = \frac{U_i}{U_s - U_i} R$$

即只要测得 A、B 两点的对地电位即可计算出 R_i。

（2）输出电阻 R_o。

输出电阻 R_o 的测试方法亦同单管放大器，即先测出空载输出电压 U_o，再测接入负载 R_L 后的输出电压 U_L，根据

$$U_L = \frac{R_L}{R_o + R_L} U_o$$

即可求出 R_o

$$R_o = \left(\frac{U_o}{U_L} - 1\right) R_L$$

（3）电压放大倍数。

$$A_u = \frac{(1 + \beta)(R_E \mathbin{/\!/} R_L)}{r_{be} + (1 + \beta)(R_E \mathbin{/\!/} R_L)} \leq 1$$

上式说明射极跟随器的电压放大倍数小于等于 1，且为正值。这是深度电压负反馈的结果。但它的射极电流仍比基极电流大 $1 + \beta$ 倍，所以它具有一定的电流和功率放大作用。

放大倍数 A_u 和 A_{us} 可通过测量 U_s、U_i、U_o 的有效值，计算求出，即

$$A_u = \frac{U_o}{U_i}$$

$$A_{us} = \frac{U_o}{U_s}$$

四、实验内容

按图 3.8 组接射极输出器实验电路。

1. 静态工作点的调整

接通 + 12 V 直流电源,在 B 点加入 $f = 1$ kHz 正弦信号 u_i,输出端用示波器监视输出波形,反复调整 R_w 及信号源的输出幅度,使在示波器的屏幕上得到一个最大不失真输出波形,然后置 $u_i = 0$,用直流电压表测量晶体管各电极对地电位,将测得数据记入表 3.10 中。

表 3.10　静态工作点数据表

测 量 值			计 算 值		
U_B/V	U_C/V	U_E/V	U_{BE}/V	U_{CE}/V	I_E/mA

在下面整个测试过程中应保持 R_w 值不变(即保持静态工作点 I_E 不变)。

2. 测量电压放大倍数 A_u

接入负载 $R_L = 1$ kΩ,在 A 点加 $f = 1$ kHz 正弦信号 U_s,调节输入信号幅度,用示波器观察输出波形 u_o,在输出最大不失真情况下,用交流毫伏表测 U_i、U_L 值,记入表 3.11 中。

表 3.11　放大倍数测量数据表

测 量 值			计 算 值	
U_i/V	U_s/V	U_L/V	A_u	A_{us}

3. 测量输出电阻 R_o 和输入电阻 R_i

接上负载 $R_L = 1$ kΩ,在 B 点加 $f = 1$ kHz 正弦信号 u_i,用示波器监视输出波形,测空载输出电压 U_o,有负载时输出电压 U_L,记入表 3.12 中。

在 A 点加 $f = 1$ kHz 的正弦信号 U_s,用示波器监视输出波形,用交流毫伏表分别测出 A、B 点对地的电位 U_s、U_i,记入表 3.12 中。

表 3.12　输入与输出电阻数据表

U_s/V	U_i/V	R_i/kΩ	U_L/V	U_o/V	R_o/Ω

4. 测试跟随特性

接入负载 $R_L = 1$ kΩ,在 B 点加入 $f = 1$ kHz 正弦信号 u_i,逐渐增大信号 u_i 幅度,用示波器监视输出波形直至输出波形达最大不失真,测量对应的 U_L 值,记入表 3.13 中。

表 3.13　跟随特性数据表

U_i/V						
U_L/V						

5. 测试频率响应特性

保持输入信号 u_i 的幅度不变(测量过程中始终用晶体管毫伏表监测输入电压,保持输入信号的有效值为 100 mV），以 $f = 1$ kHz 为基本频率，分别向上和向下调节频率，用毫伏表测量不同频率下的输出电压 U_L，记入表 3.14 中。

表 3.14　测试幅频特性数据表　$U_i =$ 　　mV

		f_L			f_o			f_H	
f/kHz					1 kHz				
U_L/V									
$A_u = U_o/U_i$									

五、实验预习要求

（1）复习教材中有关射极跟随器的工作原理，掌握射极跟随器的性能特点，并了解其在电子线路中的应用。

（2）根据图 3.8 的元件参数值估算静态工作点，并画出交、直流负载线。

六、实验报告要求

（1）列表整理结果，把实测的静态工作点、动态参数与理论计算值进行比较，分析误差产生原因。

（2）说明射极跟随器的应用。

七、思考题

（1）测量放大器静态工作点时，如果测得 $U_{CE} < 0.5$ V，说明晶体管处于什么工作状态？如果测得 $U_{CE} \approx U_{CC}$，说明晶体管又处于什么工作状态？

（2）实验电路中，偏置电阻 R_B 起什么作用？有 R_w，是否可以去掉 R_B？为什么？

实验 4　负反馈放大器

一、实验目的

（1）熟悉和掌握负反馈放大器开环动态参数测试。

（2）熟悉和掌握负反馈放大器闭环动态参数测试。

（3）加深理解负反馈对放大电路性能的影响。

二、实验设备与器件

（1）模拟电路实验箱：1 台。

（2）函数信号发生器：1 台。

（3）双踪示波器：1 台。

（4）交流毫伏表：1 台。

（5）万用表：1 块。

三、实验原理

负反馈在电子电路中有着非常广泛的应用,引入负反馈后,放大电路的许多性能得到了改善,如提高放大倍数的稳定性,减少非线性失真和抑制干扰,展宽频带以及根据实际工作的要求改变电路的输入、输出电阻等。

负反馈放大器有四种组态,即电压串联、电压并联、电流串联、电流并联。本实验以电压串联负反馈为例,分析负反馈对放大器各项性能指标的影响。

1. 放大器的主要性能指标

图 3.9 为带有电压串联负反馈的两级阻容耦合放大电路,在电路中通过 R_f 把输出电压 u_o 引回到输入端,加在三极管 T_1 的发射极上,在发射极电阻 R_{F1} 上形成反馈电压 u_f。根据反馈的判断法可知,它属于电压串联负反馈。

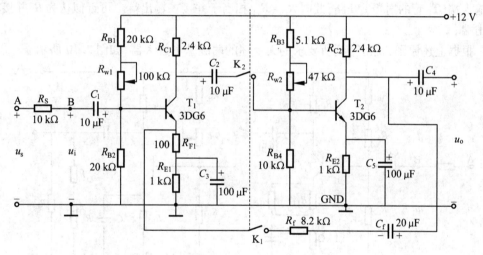

图 3.9　带有电压串联负反馈的两级阻容耦合放大器

主要性能指标如下:

(1) 闭环电压放大倍数。

$$A_f = \frac{A}{1 + AF}$$

其中,$A = \dfrac{U_o}{U_i}$ 为基本放大器(无反馈)的电压放大倍数,即开环电压放大倍数;$1 + AF$ 为反馈深度,它的大小决定了负反馈对放大器性能改善的程度。

(2) 反馈系数。

$$F = \frac{R_{F1}}{R_f + R_{F1}}$$

(3) 输入电阻。

$$R_{if} = (1 + AF)R_i$$

其中,R_i 为基本放大器(开环)的输入电阻。

（4）输出电阻。

$$R_{\text{of}} = \frac{1}{1 + AF} R_{\text{o}}$$

其中，R_{o} 为基本放大器（开环）的输出电阻。

2. 基本放大器实验图

本实验还需要测量开环放大器的动态参数，怎样实现无反馈而得到基本放大器呢？不能简单地断开反馈支路，而是既要去掉反馈作用，又要把反馈网络的影响（负载效应）考虑到基本放大器中。

（1）在画基本放大器的输入回路时，因为是电压负反馈，所以可将负反馈放大器的输出端交流短路，即令 $u_{\text{o}} = 0$，此时 R_{f} 相当于并联在 R_{F1} 上。

（2）在画基本放大器的输出回路时，由于输入端是串联负反馈，因此需将反馈放大器的输入端（T_1 管的射极）开路，此时 $R_{\text{f}} + R_{\text{F1}}$ 相当于并接在输出端。可近似认为 R_{f} 并接在输出端。

根据上述原则，就可得到所要求的无反馈的两级基本放大器，如图 3.10 所示。

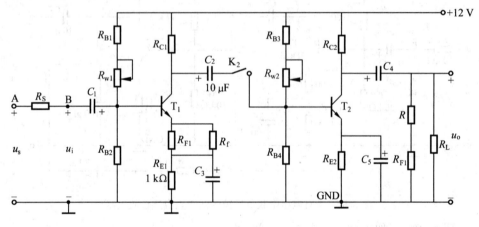

图 3.10　无反馈的两级基本放大器

3. 电压串联负反馈对放大电路性能的影响

（1）引入负反馈电压放大倍数 A_{uf}，A_{uf} 是开环时的电压放大倍数 A_{u} 的 $\dfrac{1}{1 + AF}$。

$$A_{\text{f}} = \frac{A}{1 + AF} \approx \frac{1}{F}$$

（2）负反馈将放大倍数的稳定性提高 $1 + AF$ 倍。

在输入信号一定的情况下，当电路参数变化、电源电压波动或负载发生变化时，由于引入负反馈，放大电路输出信号的波动将大大减小，也就是说放大倍数的稳定性提高了。

引入负反馈后，放大倍数下降为原来的 $\dfrac{1}{1 + AF}$，但放大倍数的稳定性提高了 $1 + AF$ 倍。

（3）负反馈可扩展放大器的通频带。

引入负反馈后，放大器闭环时的上、下限截止频率分别为

$$f_{\text{Hf}} = |1 + AF| f_{\text{H}}$$

$$f_{Lf} = \frac{1}{|1 + AF|} f_L$$

可见,引入负反馈后,闭环下限频率 f_{Lf} 降低了,等于无反馈时的 $\frac{1}{|1 + AF|}$,闭环上限频率 f_{Hf} 提高了,等于无反馈时的 $|1 + AF|$ 倍,从而使通频带得以加宽。

(4) 负反馈对输入电阻和输出电阻的影响。

$$R_{if} = R_i(1 + AF)$$

$$R_{of} \approx \frac{R_o}{1 + AF}$$

可见,引入负反馈输入电阻增加 $1 + AF$ 倍,输出电阻减小到原来的 $\frac{1}{1 + AF}$。

(5) 负反馈能减小非线性失真。

由于晶体管的非线性,基本放大器的输出信号出现非线性失真,或输出信号中产生了高次谐波分量。引入负反馈后,谐波成分减小,因此,输出波形得到改善。

综上所述,在放大器中引入电压串联负反馈后,不仅可以提高放大器放大倍数的稳定性,还可以扩展放大器的通频带,提高输入电阻,降低输出电阻,减小非线性失真。

四、实验内容

图 3.9 为共射极单管放大器与带有负反馈的两级放大器共用实验模块。如将 K_1、K_2 断开,则前级(Ⅰ)为典型电阻分压式单管放大器;如将 K_1、K_2 接通,则前级(Ⅰ)与后级(Ⅱ)接通,组成带有电压串联负反馈两级放大器。

1. 测量静态工作点

在单管／负反馈两级放大器子板上按电路图连接电路,将 K_1 和 K_2 闭合,测量放大电路的最佳静态工作点。

(1) 调试放大电路最佳静态工作点。

测量放大器的静态工作点,应在输入信号 $u_i = 0$ 的情况下进行(A 点接地),即将放大器输入端与地端短接,再将 R_{w1} 和 R_{w2} 调至最大,接通 + 12 V 电源,调节 R_{w1},使 $I_{E1} = 2.0$ mA(即 $U_E = 2.0$ V,用万用表直流电压挡测量 U_E,使 $U_E = 2.0$ V),再调节 R_{w2},使 $I_{E2} = 2.0$ mA(即 $U_E = 2.0$ V,用万用表直流电压挡测量 U_E,使 $U_E = 2.0$ V)。

(2) 用万用表的直流电压挡测量此时晶体管第一级、第二级的静态工作点,即各极 B、C 和 E 与 GND 之间的电位 U_{B1}、U_{C1}、U_{E1} 和 U_{B2}、U_{C2}、U_{E2},记入表 3.15 中。

表 3.15　有反馈的两级放大电路静态工作点的测量

	测 量 值			计 算 值		
	U_B/V	U_C/V	U_E/V	U_{CE}/V	U_{BE}/V	I_C/mA
第一级						
第二级						

2. 测量开环时放大器动态参数

无反馈基本放大器实验电路如图 3.10 所示，K_1 断开，R_f 并联在第一级放大器发射极 R_{F1} 两端，然后将 R_f 和 R_{F1} 串联起来与输出电阻 R_L 并联。

（1）测量开环时放大倍数 A_u，输入电阻 R_i 和输出电阻 R_o。

① 函数信号发生器的输出端与放大电路的 U_s 端（A 端）相连，产生 $f = 1$ kHz、约10 mV 正弦信号输入放大电路 U_s 端，用示波器观察放大电路的输出信号，在其不失真的情况下，用交流毫伏表测量放大电路的输入信号 U_i（B 端）和负载输出电压 U_L，记入表 3.16 中。

② 保持 U_s 不变，断开负载 R_L，测量空载时的输出电压 U_o，记入表 3.16 中。

③ 计算输入电阻 $R_i = \dfrac{U_i}{U_s - U_i} R_s$，输出电阻 $R_o = \left(\dfrac{U_o}{U_L} - 1 \right) R_L$，放大倍数 $A_u = \dfrac{U_o}{U_i}$，记入表 3.16 中。

表 3.16　开环时放大电路动态参数的测量

无反馈的两级放大器	测量值				计算值		
	U_s/mV（A 端）	U_i/mV（B 端）	U_o/V（$R_L \to \infty$）	U_L/mV（$R_L = 2.4$ kΩ）	A_u（U_o/U_i）	R_i/Ω	R_o/kΩ

（2）测量开环时放大电路的通频带。

接上负载 R_L（$R_L = 2.4$ kΩ），保持输入信号幅度 $U_s = 10$ mV 不变，调节函数信号发生器输出信号的频率，先增大信号频率，用交流毫伏表测量 U_o，使 U_o 下降到表 3.17 中测量值 U_o 的 70.7% 时，对应的频率为上限频率 f_H，按照同样的方法，再减小信号频率，使 U_o 等于表 3.17 中测量值 U_o 的 70.7% 时，对应的频率为下限频率 f_L，记入表 3.17 中。

表 3.17　开环时放大电路通频带测量

无反馈放大器	测量值		计算值
	f_L/kHz	f_H/kHz	Δf/kHz

3. 测试闭环时放大器动态参数

将实验电路按图 3.9 连接，即把 K_1 闭合，把并联在第一级放大器发射级 R_{F1} 两端的 R_f 拿掉，并联在负载电阻 R_L 两端的 R_f 和 R_{F1} 拿掉。

（1）测量闭环放大电路的放大倍数 A_{uf}，输入电阻 R_{if} 和输出电阻 R_{of}。

① 函数信号发生器的输出端与放大电路的 U_s 端（A 端）相连，产生 $f = 1$ kHz、约 10 mV（保证与无反馈时的 U_i 相同）正弦信号输入放大电路 U_s 端，用示波器观察放大电路的输出信号，在其不失真的情况下，用交流毫伏表测量放大电路的输入信号 U_i（B 端）和负载输出电压 U_L，记入表 3.18 中。

② 保持 U_s 不变，断开负载 R_L，测量空载时的输出电压 U_o，记入表 3.18 中。

③ 计算输入电阻 $R_{if} = \dfrac{U_i}{U_s - U_i} R_s$，输出电阻 $R_{of} = \left(\dfrac{U_o}{U_L} - 1 \right) R_L$，放大倍数 $A_{uf} = \dfrac{U_o}{U_i}$，记入表 3.18 中。

表 3.18　闭环放大电路动态参数的测量

负反馈放大器	测 量 值				计 算 值		
	U_s/mV（A 端）	U_i/mV（B 端）	U_o/V（$R_L \to \infty$）	U_L/mV（$R_L = 2.4$ kΩ）	A_u（U_o/U_i）	R_i/Ω	R_o/kΩ

（2）测量闭环放大电路的通频带。

保持 K_1 闭合，接上负载 R_L（$R_L = 2.4$ kΩ），保持输入信号幅度 $U_s = 10$ mV 不变，调节函数信号发生器输出信号的频率，先增大信号频率，用交流毫伏表测量 U_o，使 U_o 下降到表 3.19 中测量值 U_o 的 70.7% 时，对应的频率为上限频率 f_H，按照同样的方法，再减小信号频率，使 U_o 等于表 3.19 中测量值 U_o 的 70.7% 时，对应的频率为下限频率 f_L，记入表 3.19 中。

表 3.19　闭环时放大电路通频带测量

负反馈放大器	测 量 值		计 算 值
	f_L/kHz	f_H/kHz	Δf/kHz

*4. 观察负反馈对非线性失真的改善

（1）实验电路改接成开环放大器形式，在输入端加入 $f = 1$ kHz 的正弦信号，输出端接示波器，逐渐增大输入信号的幅度，使输出波形开始出现失真，记下此时的波形和输出电压的幅度（不失真的半波的幅度）。

（2）再将实验电路改接成负反馈放大器形式，增大输入信号幅度，使输出电压幅度的大小与（1）相同，比较有负反馈时，输出波形的变化。

五、实验预习要求

（1）复习电压串联负反馈的有关章节，熟悉电压串联负反馈电路的工作原理以及对放大电路性能的影响。

（2）按实验电路图 3.9 估算放大器的静态工作点。（取 $\beta_1 = \beta_2 = 100$）

（3）估算开环（无反馈）放大器的 A_u、R_i、R_o，闭环（有反馈）放大器的 A_{uf}、R_{if}、R_{of}，并验算它们之间的关系。（取 $\beta_1 = \beta_2 = 100$）

六、实验报告要求

（1）将无反馈（开环）放大电路和有负反馈（闭环）放大器动态参数的实测值和理论估算值列表进行比较。

（2）把表 3.16 开环时动态参数和表 3.18 闭环时动态参数的结果进行对比，把表 3.17 开环时放大电路通频带和表 3.18 闭环时放大电路通频带的测量结果进行对比，并验算它们之间的关系。

(3) 根据(2)中开环和闭环动态参数的对比,总结电压串联负反馈对放大器性能的影响。

(4) 回答思考题。

七、思考题

(1) 如按深负反馈估算,则闭环电压放大倍数 A_{uf} 的值是多少？与测量值是否一致？为什么？

(2) 开环时 A_u 和闭环时 A_{uf},哪个大？

(3) 如输入信号存在失真,能否用负反馈来改善？

(4) 怎样判断放大器是否存在自激振荡？如何进行消振？

实验5　集成运算放大器线性应用

一、实验目的

(1) 掌握集成运算放大器的正确使用方法。

(2) 掌握集成运算放大器常用应用电路的设计和调试方法。

(3) 研究由集成运算放大器组成的比例、加法、减法和积分等基本运算电路的功能。

二、实验设备与器件

(1) 模拟电路实验箱:1 台。

(2) 函数信号发生器:1 台。

(3) 交流毫伏表:1 台。

(4) 双踪示波器:1 台。

(5) 数字万用表:1 块。

(6) 集成运算放大器 μA741:1 个。

(7) 电阻器、电容器若干。

三、实验原理

集成运算放大器是一种具有高开环电压放大倍数的直接耦合多级放大电路。当外部接入不同的线性或非线性元器件组成输入和负反馈电路时,可以灵活地实现各种特定的函数关系。在线性应用方面,可组成比例、加法、减法、积分、微分、对数等模拟运算电路。

下面介绍理想运算放大器特性。

在大多数情况下,将运放视为理想运放,就是将运放的各项技术指标理想化,满足下列条件的运算放大器称为理想运放。

开环电压增益　　$A_{od} = \infty$

输入电阻　　$r_{id} = \infty$

输出电阻　　$r_o = 0$

－3 dB 带宽　$f_{BW} = \infty$

集成运算放大器的应用从工作原理上可分为线性应用和非线性应用两个方面。在线性工作区内,其输出电压 u_o 与输入电压 u_i 成正比。即

$$u_o = A_{od}(u_+ - u_-) = A_{od}u_i$$

由于集成运算放大器的放大倍数 A_{od} 高达 $10^4 \sim 10^7$,若使 u_o 为有限值,必须引入深度负反馈,使电路的输入、输出成比例,因此构成了集成运算放大器的线性运算电路。

理想运放在线性应用时的两个重要特性:

(1) 输出电压 u_o 与输入电压 u_i 之间满足关系式:

$$u_o = A_{od}(u_+ - u_-) = A_{od}u_i$$

由于 $A_{od} = \infty$,而 u_o 为有限值,因此,$u_+ - u_- \approx 0$。即 $u_+ \approx u_-$,称为"虚短"。

(2) 由于 $r_i \to \infty$,故流进运放两个输入端的电流可视为零,即 $I_{IB} = 0$,称为"虚断"。同相与反相输入端电流近似为零。

"虚短"和"虚断"是理想运放工作在线性区时的两点重要结论,本节将要介绍的各种运算电路,要求输出与输入的模拟信号之间实现一定的数学关系,因此,运算电路中的集成运放必须工作在线性区,"虚短"和"虚断"作为基本的出发点。

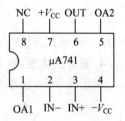

图 3.11　μA741 的管脚图

本实验采用的集成运放型号为 μA741,引脚排列如图 3.11 所示,它是八脚双列直插式组件,2 脚和 3 脚为反相和同相输入端,6 脚为输出端,7 脚和 4 脚为正、负电源端,1 脚和 5 脚为失调调零端,8 脚为空脚。

集成运算放大器组成的基本运算电路有以下几种。

1. 反相比例运算电路

电路如图 3.12 所示,对于理想运放,该电路的输出电压与输入电压之间的关系为

$$u_o = -\frac{R_F}{R_1}u_i$$

闭环电压放大倍数为 $A_{uf} = -R_F/R_1$,只与 R_F 和 R_1 值有关,与集成运放内部各项参数无关,只要 R_F 和 R_1 的阻值比较准确和稳定,即可得到准确的比例运算关系。R_2 和 R_3 是平衡电阻,且 $R_2 /\!/ R_3 = R_F /\!/ R_1$。

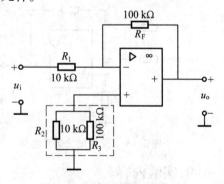

图 3.12　反相比例运算电路

2. 同相比例运算电路

电路如图 3.13 所示,在理想条件下,它的输出电压与输入电压之间的关系为

$$u_o = \left(1 + \frac{R_F}{R_1}\right)u_i, \quad R_2 = R_1 /\!/ R_F$$

当 $R_1 \to \infty$ 时,$u_o = u_i$,即得到如图 3.14 所示的电压跟随器,$R_1 = R_F$,用以减小漂移和起保护作用。一般 R_F 取 10 kΩ,R_F 太小起不到保护作用,太大则影响跟随性。电压跟随器具有输入阻抗高、输出阻抗低的特点,具有阻抗变换的作用,常用来做缓冲或隔离级。

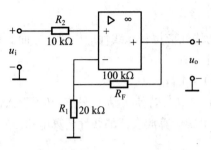

图 3.13　同相比例运算电路　　　　　　　　图 3.14　电压跟随器

3. 加法运算电路

根据信号输入端的不同有同相加法电路和反相加法电路两种形式。以反相加法为例,电路原理如图 3.15 所示。

反相加法运算电路的输出电压为

$$u_o = -\left(\frac{R_F}{R_1}u_{i1} + \frac{R_F}{R_2}u_{i2}\right)$$

当 $R_1 = R_2 = R_F$ 时, $u_o = -(u_{i1} + u_{i2})$。

4. 差分放大电路(减法器)

对于图 3.16 所示的减法运算电路,当 $R_1 = R_2$, $R_3 = R_F$ 时,有如下关系式:

$$u_o = \frac{R_F}{R_1}(u_{i2} - u_{i1})$$

电路的输出电压与两个输入电压之差成正比,实现了差分比例运算,或者说实现了减法运算。

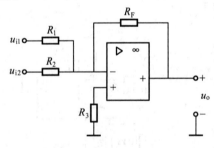
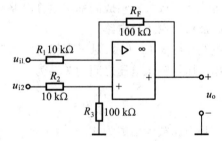

图 3.15　反相加法运算电路　　　　　　图 3.16　差分放大电路图

四、实验内容

实验前要看清运放组件各管脚的位置,切忌正、负电源极性接反和输出端短路,否则将会损坏集成块。

1. 反相比例运算电路

(1) 按图 3.12 连接实验电路,接通 ±12 V 电源,在 μA741 的 7 脚接上正电源(+ 12 V),4 脚接负电源(- 12 V),切记不要接反。

(2) 按表 3.20 中给定的电压值输入直流电压,测量直流放大倍数。将结果填入表中。直流输入信号可用实验箱中的可调直流电压源实现,用万用表的直流电压挡测量输出电压 U_o,记录实验数据,并将测量值与计算值进行对比验证。

表 3.20　反相比例运算电路直流放大倍数的测量

输入电压 U_i/V	− 0.4	0.4	0.6	0.8
输出电压 U_o/V				
直流放大倍数				

（3）调节函数信号发生器,使之输出频率为 1 kHz、峰 − 峰值为表 3.21 中给定的正弦波,接到输入端 u_i。将示波器的通道 1（CH1）接到输入端 u_i,通道 2（CH2）接到输出端 u_o,并用示波器同时观察 u_i 和 u_o 的相位关系,记录 u_i 和 u_o 波形,并标出 u_o 的峰 − 峰值,测量交流放大倍数,记入表 3.21 中。

表 3.21　反相比例运算电路交流放大倍数的测量

u_i 的峰 − 峰值 /V	u_o 的峰 − 峰值 /V	输入电压 u_i 波形	输出电压 u_o 波形	交流放大倍数 A_{uf}	
				实测值	计算值
0.5					
0.8					

（4）测量输出动态范围。增大输入信号 u_i 幅度,直到输出 u_o 出现失真,再减小 u_i 到输出 u_o 刚好不失真,测量此时输出 u_o 的峰 − 峰值,即为输出动态范围。

$$u_{omp-p} = \underline{\qquad\qquad} \text{V}$$

2. 同相比例运算电路

（1）按图 3.13 连接实验电路,接通 ± 12 V 电源,在 μA741 的 7 脚接上正电源（+ 12 V）,4 脚接负电源（− 12 V）,切记不要接反。

（2）按表 3.22 中给定的电压值输入直流电压,测量直流放大倍数。将结果填入表中。直流输入信号可用实验箱中的可调直流电压源实现,用万用表的直流电压挡测量输出电压 U_o,记录实验数据,并将测量值与计算值进行对比验证。

表 3.22　同相比例运算电路直流放大倍数的测量

输入电压 U_i/V	− 0.4	0.4	0.6	0.8
输出电压 U_o				
直流放大倍数				

（3）调节函数信号发生器,使之输出频率为 1 kHz、峰 − 峰值为表 3.23 中给定的正弦波,接到输入端 u_i。将示波器的通道 1（CH1）接到输入端 u_i,通道 2（CH2）接到输出端 u_o,并用示波器同时观察 u_i 和 u_o 的相位关系,记录 u_i 和 u_o 波形,并标出 u_o 的峰 − 峰值,测量交流放大倍数,记入表 3.23 中。

表 3.23　同相比例运算电路交流放大倍数的测量

u_i 的峰－峰值 /V	u_o 的峰－峰值 /V	输入电压 u_i 的波形	输出电压 u_o 的波形	交流放大倍数 A_{uf}	
				实测值	计算值
0.5					
1					
2					

（4）测量输出动态范围。增大输入信号 u_i 幅度，直到输出 u_o 出现失真，再减小 u_i 到输出 u_o 刚好不失真，测量此时输出 u_o 的峰－峰值，即为输出动态范围。

$$u_{omp-p} = \underline{\hspace{3cm}} \text{ V}$$

3. 差分比例运算电路（减法器）

（1）按图 3.16 接好电路，再将电源接通。

（2）按表 3.24 中给定的电压值输入直流电压 U_{i1}、U_{i2}，直流输入信号 U_{i1}、U_{i2} 可用实验箱中的可调直流信号源实现，用万用表的直流电压挡测量输出电压 U_o，将结果填入表中。根据图 3.16 所示的参数计算直流输出电压 U_o，与所测 U_o 进行比较。

表 3.24　差分比例运算电路直流放大倍数的测量

直流信号源 U_{i1}/V	0.4	0.6	0.5	1.5
直流信号源 U_{i2}/V	0.5	0.5	1	1
U_o 的测量值				
U_o 的理论计算值				

（3）调节函数信号发生器，使之输出峰－峰值为 2 V、频率为 1 kHz 的正弦波，再将信号发生器接到如图 3.17 所示的电位器处，将 u_{i1} 和 u_{i2} 按图 3.17 连接。用示波器的两个通道同时监测 u_{i1} 和 u_{i2}，将 u_{i2} 峰－峰值调至表 3.25 要求的大小。再用示波器的两个通道同时监测 u_{i1} 和 u_o，将波形画在表 3.25 的相应位置处，要求体现相位关系，记录峰－峰值。

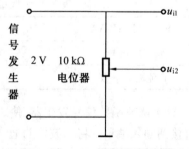

图 3.17　u_{i2}、u_o 与电位器接法

表 3.25　差分比例运算电路交流放大倍数的测量

u_{i1} 的峰－峰值 /V	2	2
u_{i2} 的峰－峰值 /V	0.5	1
u_{i1} 和 u_o 的波形	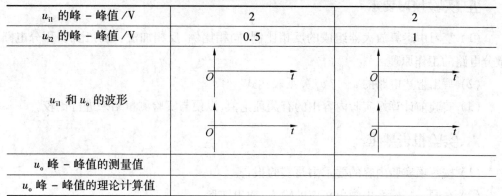	
u_o 峰－峰值的测量值		
u_o 峰－峰值的理论计算值		

4. 反相加法运算电路

（1）按图 3.15 接好电路，接通电源。令 $R_1 = R_2 = R_f = 100\ \Omega$。

（2）按表 3.26 中的数据输入直流信号，用万用表的直流电压挡测量出输出电压，记录实验数据，并将测量值与计算值进行对比验证。

表 3.26　反相加法运算电路直流放大倍数的测量

直流信号源 U_{i1}/V		+ 1	+ 2	+ 0.5
直流信号源 U_{i2}/V		− 3	− 1	+ 2
U_o/V	计算值			
	U_o/V	测量值		

（3）根据差分减法运算电路交流输入信号 u_{i1} 和 u_{i2} 的接法接通电路。调节函数信号发生器，输入信号 u_{i1} 和 u_{i2} 调至表 3.27 中要求的大小，利用示波器观察输出波形是否满足设计要求并记录波形，填入表 3.27 中。

（4）输入信号 u_{i1} 是频率为 1 kHz、峰－峰值 V_{p-p} 为 1 V、1.2 V 的交流正弦波，u_{i2} 的峰－峰值 V_{p-p} 调至 0.4 V、0.8 V（两信号不可太大，否则 u_o 严重失真），利用示波器观察输出波形，并记录波形。

表 3.27　反相加法运算电路交流放大倍数的测量

u_{i1} 的峰－峰值 /V	1	1.2
u_{i2} 的峰－峰值 /V	0.4	0.8
u_{i2} 和 u_o 的波形		
u_o 峰－峰值的测量值		
u_o 峰－峰值的理论计算值		

五、实验预习要求

(1) 复习由运算放大器组成的反相比例、同相比例、反相加法、差分比例、积分电路、微分电路的工作原理。

(2) 写出上述电路的 u_o 与 u_i 关系表达式。

(3) 实验前计算好实验内容中的有关理论值,以便与实验测量结果进行比较。

六、实验报告要求

(1) 按每项实验内容的要求书写实验报告。

(2) 在同一坐标系中画出相应的输入、输出波形。

(3) 回答思考题。

七、思考题

(1) 在反相加法器中,如 U_{i1} 和 U_{i2} 均采用直流信号,并选定 $U_{i2} = -1\ \text{V}$,当考虑到运算放大器的最大输出幅度($\pm 12\ \text{V}$)时,$|U_{i1}|$ 的大小不应超过多少伏?

(2) 在积分电路中,如 $R_1 = 100\ \text{k}\Omega$,$C = 4.7\ \mu\text{F}$,求时间常数。假设 $U_i = 0.5\ \text{V}$,问要使输出电压 U_o 达到 5 V,需多长时间(设 $u_C(0) = 0$)?

(3) 为了不损坏集成块,实验中应注意什么问题?

(4) 如何判别一个集成运算放大器 μA741 的好坏?

实验6 组合逻辑电路及其应用

一、实验目的

(1) 掌握组合逻辑电路的分析方法。

(2) 掌握由与非门实现一些较为复杂的逻辑电路的方法。

(3) 熟悉中规模3线 - 8线译码器 74LS138 的功能。

(4) 熟悉中规模3线 - 8线译码器实现的组合逻辑电路。

二、实验设备与器件

(1) 数字实验箱:1 台。

(2) 芯片 74LS00:3 片。

(3) 芯片 74LS20:1 片。

(4) 芯片 74LS138:1 片。

74LS00、74LS20 和 74LS138 芯片引脚图如图 3.18 所示。

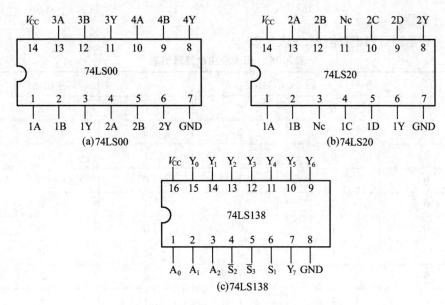

图 3.18　74LS00、74LS20 和 74LS138 芯片引脚图

三、实验原理

使用中、小规模集成电路设计组合电路是最常见的逻辑电路。设计组合电路的一般设计流程如图 3.19 所示。

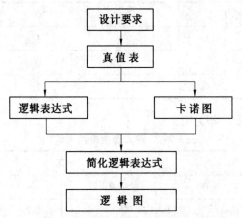

图 3.19　组合逻辑电路设计流程图

根据设计任务的要求建立输入、输出变量,并列出真值表。然后用逻辑代数或卡诺图化简法求出简化的逻辑表达式,并按实际选用逻辑门的类型修改逻辑表达式。根据简化后的逻辑表达式,画出逻辑图,用标准器件构成逻辑电路。最后,用实验来验证设计的正确性。

1. 组合逻辑电路设计举例

用"与非"门设计一个表决电路。当四个输入端中有三个或四个为"1"时,输出端才为"1"。

设计步骤:

(1) 根据题意列出真值表,见表3.28。

表3.28　四人表决电路真值表

输入信号				输出信号
A	B	C	D	Z
0	0	0	0	0
0	0	0	1	0
0	0	1	0	0
0	0	1	1	0
0	1	0	0	0
0	1	0	1	0
0	1	1	0	0
0	1	1	1	1
1	0	0	0	0
1	0	0	1	0
1	0	1	0	0
1	0	1	1	1
1	1	0	0	0
1	1	0	1	1
1	1	1	0	1
1	1	1	1	1

(2) 填入卡诺图(表3.29)中。

表3.29　四人表决电路卡诺图

AB	CD			
	00	01	11	10
00				
01			1	
11		1	1	1
10			1	

(3) 由卡诺图得出逻辑表达式,并演化成"与非"的形式:

$$Y = ABC + BCD + ACD + ABD = \overline{\overline{ABC} \cdot \overline{BCD} \cdot \overline{ACD} \cdot \overline{ABD}}$$

(4) 根据逻辑表达式画出用"与非门"构成的逻辑电路,如图3.20所示。

按以上步骤设计好电路,用实验验证逻辑功能,按图3.20接线,输入端 A、B、C、D 接至逻辑开关输出插口,输出端 Y 接逻辑电平显示输入插口,按真值表3.28,逐次改变输入变量,测量相应的输出值,验证逻辑功能,判断所设计的逻辑电路是否符合要求。

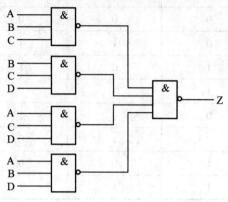

图 3.20　四人表决电路逻辑图

2. 加法器

在数字运算电路中,加法器是最重要、最基本的运算单元之一。基本的加法器电路有半加器和全加器两种。

(1) 半加器。

半加器的功能是实现两个二进制数相加运算的电路(不考虑低位的进位输入,只考虑进位输出)。以 A_0、B_0 分别表示两个加数,以 S_0 和 C_0 分别表示全加和及向高位的进位,其真值表见表3.30。逻辑表达式如下:

$$S_0 = A_0\overline{B_0} + \overline{A_0}B_0$$

$$C_0 = A_0B_0$$

表 3.30　半加器真值表

A_0	B_0	S_0	C_0
0	0	0	0
0	1	1	0
1	0	1	0
1	1	1	1

(2) 全加器。

全加器的功能是实现两个二进制加数与一个来自低位进位的加法运算。以 A_i、B_i 分别表示两个加数,C_{i-1} 表示低位的进位,以 S_i 和 C_i 分别表示全加和及向高位的进位,全加器的真值表见表3.31,逻辑表达式如下

$$S_i = A_i \oplus B_i \oplus C_{i-1} = \sum m(1,2,4,7)$$

$$C_i = A_iB_i + (A_i \oplus B_i)C_{i-1} = \sum m(3,5,6,7)$$

表 3.31　全加器真值表

A_i	B_i	C_{i-1}	S_i	C_i
0	0	0	0	0
0	0	1	1	0
0	1	0	1	0
0	1	1	0	1
1	0	0	1	0
1	0	1	0	1
1	1	0	0	1
1	1	1	1	1

3. 译码器

译码器是一个多输入、多输出的组合逻辑电路。它的作用是把给定的代码进行"翻译",变成相应的状态,使输出通道中相应的一路有信号输出。

以 3 线 – 8 线译码器 74LS138 为例进行分析,其引脚图如图 3.21 所示,逻辑功能见表 3.32。 其中 A_2、A_1、A_0 为地址输入端,高电平有效,$\overline{Y}_0$ ~ $\overline{Y}_7$ 为译码输出端,低电平有效,S_1、$\overline{S}_2$、$\overline{S}_3$ 为使能端,也称复合片选端,仅当 $S_1 = 1$,$\overline{S}_2 = \overline{S}_3 = 0$ 时,译码器才能工作,否则 8 位译码输出端全为无效的高电平 1,具体功能见表 3.32。

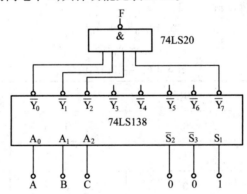

图 3.21　译码器 74LS138 实现三人表决电路图

用二进制译码器可以实现组合逻辑函数,用 74LS138 与与非门配合,可以完成 3 个或 3 个以下的逻辑变量的组合逻辑电路。例如:用 74LS138 与 74LS20 配合,实现三人表决电路为

$$F = \overline{A}\,\overline{B}\,C + \overline{A}\,B\,C + A\,\overline{B}\,C + ABC$$

步骤如下:

(1)写出函数的标准与非 – 与非表达式。

$$F = m_0 + m_1 + m_2 + m_7$$

$$\overline{\overline{F}} = \overline{\overline{m_0 + m_1 + m_2 + m_7}}$$

$$\overline{F} = \overline{\overline{m_0} \cdot \overline{m_1} \cdot \overline{m_2} \cdot \overline{m_7}}$$

表 3.32　译码器 74LS138 逻辑功能表

输　　入						输　　出							
使能端(片选端)			译码地址端			译码输出端							
S_1	$\overline{S}_2$	$\overline{S}_3$	A_2	A_1	A_0	$\overline{Y}_0$	$\overline{Y}_1$	$\overline{Y}_2$	$\overline{Y}_3$	$\overline{Y}_4$	$\overline{Y}_5$	$\overline{Y}_6$	$\overline{Y}_7$
1	0	0	0	0	0	0	1	1	1	1	1	1	1
1	0	0	0	0	1	1	0	1	1	1	1	1	1
1	0	0	0	1	0	1	1	0	1	1	1	1	1
1	0	0	0	1	1	1	1	1	0	1	1	1	1
1	0	0	1	0	0	1	1	1	1	0	1	1	1
1	0	0	1	0	1	1	1	1	1	1	0	1	1
1	0	0	1	1	0	1	1	1	1	1	1	0	1
1	0	0	1	1	1	1	1	1	1	1	1	1	0
0	×	×	×	×	×	1	1	1	1	1	1	1	1
×	1	×	×	×	×	1	1	1	1	1	1	1	1

(2) 确认译码器和与非门输入信号的表达式。

译码器的输入信号 —— 地址变量,就是函数的变量,A——A_0,B——A_1,C——A_2。与非门的输入信号则应根据函数标准与非 – 与非表达式中最小项反函数获得(即函数标准与非 – 与非表达式中的$\overline{m}_i$),译码器的输出信号$\overline{Y}_i$就是与非门中的一个输入信号。译码器 74LS138 的输出信号$\overline{Y}_0$、$\overline{Y}_1$、$\overline{Y}_2$、$\overline{Y}_7$为与非门 74LS20 的输入信号,函数变量 ABC 分别对应译码器 74LS138 的地址端 $A_2A_1A_0$,电路如图 3.21 所示。

四、实验内容

1. 用与非门组成基本逻辑门电路的功能测试

(1) 与非门电路的功能测试,电路图如图 3.22 所示,功能表见表 3.33。

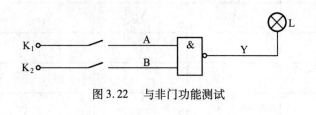

图 3.22　与非门功能测试

表 3.33　与非门功能表

A	B	Y
0	0	
0	1	
1	0	
1	1	

(2) 非门电路的功能测试,电路图如图 3.23 所示,功能表见表 3.34。

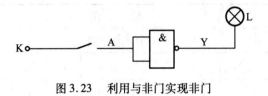

图 3.23　利用与非门实现非门

表 3.34　非门功能表

A	Y
0	
1	

（3）与门电路的功能测试,电路图如图 3.24 所示,功能表见表 3.35。

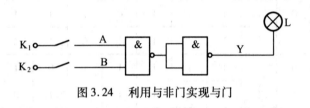

图 3.24　利用与非门实现与门

表 3.35　与门功能表

A	B	Y
0	0	
0	1	
1	0	
1	1	

（4）与非门实现或门电路的功能测试,按电路图 3.25 连接电路,接通电源,按表 3.36 中的值输入 A 和 B 的电平信号,测量 Y_1、Y_2 和 Y 的逻辑电平（1 或 0 电平）,Y_1、Y_2 和 Y 都接灯。根据表 3.36 中数值验证电路的逻辑关系,写出 Y_1、Y_2 和 Y 的逻辑表达式。

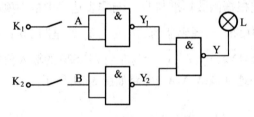

图 3.25　与非门实现或门

表 3.36　与非门转换为或门测试数据

输　　入		输　　出		
A	B	Y	Y_1	Y_2
0	0			
0	1			
1	0			
1	1			

（5）利用与非门实现异或门的功能测试。

按电路图3.26连接电路,按功能表测试其电路功能并将测试结果填入表3.37中。根据表3.37中数值验证电路的逻辑关系,写出 Y_1、Y_2、Y_3 和 Y 的逻辑表达式。

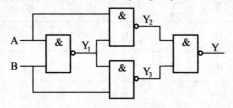

图3.26　利用与非门实现异或门

表3.37　与非门转换为异或门测试数据

输	入	输		出	
A	B	Y	Y_1	Y_2	Y_3
0	0				
0	1				
1	0				
1	1				

2. 测试半加器逻辑功能

测试用74LS20和与非门74LS00组成的半加器的逻辑功能。其实验电路如图3.27所示。按表3.30验证其逻辑功能。

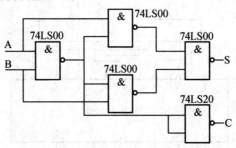

图3.27　半加器实验电路

3.74LS138 译码器逻辑功能测试

将译码器使能端 S_1、$\bar{S}_2$、$\bar{S}_3$ 及地址端 A_2、A_1、A_0 分别接至逻辑电平开关输出口,8个输出端 $\bar{Y}_7$,…,$\bar{Y}_0$ 依次连接在逻辑电平显示器的 8 个输入口上,拨动逻辑电平开关,按表3.32逐项测试74LS138 的逻辑功能。

4. 用74LS138 和74LS20 构成1 位二进制全加器

（1）写出全加器的真值表(表3.38)。

表 3.38　全加器真值表

输　　入			输　　出	
A	B	C_0	S	C
0	0	0		
0	0	1		
0	1	0		
0	1	1		
1	0	0		
1	0	1		
1	1	0		
1	1	1		

（2）写出和 S 和进位 C_0 的逻辑表达式。

$$S_i = A_i \oplus B_i \oplus C_{i-1} = \sum m(1,2,4,7)$$

$$C_i = A_i B_i + (A_i \oplus B_i)C_{i-1} = \sum m(3,5,6,7)$$

（3）画出电路图,如图 3.28 所示,搭建电路,令 $S_1 = 1$、$\overline{S}_2 = 0$、$\overline{S}_3 = 0$,通过实验验证电路功能。

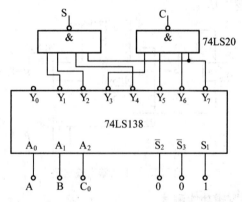

图 3.28　74LS138 和 74LS20 构成 1 位二进制全加器

5. 用 74LS138 和 74LS20 实现三人表决电路

三人表决电路的电路图如图 3.29 所示。令 $S_1 = 1$、$\overline{S}_2 = 0$、$\overline{S}_3 = 0$,A、B、C 端通过逻辑电平开关 K 提供逻辑电平信号,电路输出端 F 的状态通过发光二极管 L 显示。通过实验验证电路功能,将实验结果填入表 3.39 中。

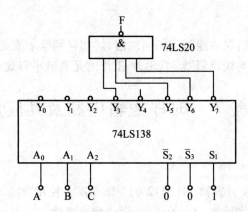

图 3.29　74LS138 和 74LS20 实现三人表决电路图

表 3.39　74LS138 和 74LS20 实现三人表决电路功能测试表

输　　入			输　　出
A	B	C	F
0	0	0	
0	0	1	
0	1	0	
0	1	1	
1	0	0	
1	0	1	
1	1	0	
1	1	1	

五、实验预习要求

（1）熟悉组合逻辑电路设计过程。

（2）复习有关译码器的内容。

（3）熟悉 74LS00、74LS20 和 74LS138 等集成芯片的逻辑功能,熟悉它们的引脚图。

（4）理解组合逻辑电路的实现方法。

六、实验报告要求

（1）回答思考题。

（2）总结实验中用到的各个芯片的功能。

（3）对实验结果进行分析、讨论。

七、思考题

（1）74LS00、74LS20 各有几个管脚,它们内部各有几个与非门,两种与非门各有几个输入端?

(2) 观察与非门的门控功能时应如何加信号,如何调整示波器?

(3) 中规模3线 – 8线译码器74LS138工作时是高电平有效还是低电平有效?

实验7　时序逻辑电路及其应用

一、实验目的

(1) 掌握集成J – K触发器74LS112的逻辑功能及使用方法。

(2) 熟悉异步输入信号$\overline{R}_D$、$\overline{S}_D$的作用,学会测试方法。

(3) 熟悉一些常见的触发器逻辑功能的相互转换。

(4) 掌握74LS161的逻辑功能及使用方法。

二、实验设备与器件

(1) 数字实验箱:1台。

(2) 双踪示波器:1台。

(3) 74LS112芯片:1片。

(4) 74LS161芯片:1片。

(5) 74LS00芯片:1片。

三、实验原理

1. J – K触发器

本实验采用74LS112双JK触发器,引脚功能如图3.30(a)所示。74LS112为16脚芯片,每片含有两片触发器,含有异步置位端$\overline{S}_D$和异步复位端$\overline{R}_D$,触发器的触发输入方式为下降沿触发,J和K是数据输入端,是触发器状态更新的依据,Q与$\overline{Q}$为两个互补输出端。通常把Q = 0、$\overline{Q}$ = 1的状态定为触发器"0"状态,把Q = 1、$\overline{Q}$ = 0定为"1"状态。JK触发器的特征方程为$Q^{n+1} = J\overline{Q}^n + \overline{K}Q^n$,下降沿触发JK触发器74LS112的功能见表3.40。

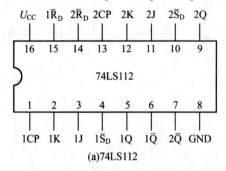

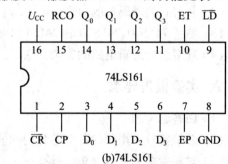

图3.30　74LS112和74LS161引脚图

表 3.40　J - K 触发器 74LS112 功能表

输　入					输　出	
$\overline{S}_D$	$\overline{R}_D$	CP	J	K	Q^{n+1}	$\overline{Q}^{n+1}$
0	1	×	×	×	1	0
1	0	×	×	×	0	1
0	0	×	×	×	φ	φ
1	1	↓	0	0	Q^n	$\overline{Q}^n$
1	1	↓	1	0	1	0
1	1	↓	0	1	0	1
1	1	↓	1	1	$\overline{Q}^n$	Q^n
1	1	↑	×	×	Q^n	$\overline{Q}^n$

注：φ 为不定态。

2. 触发器之间的相互转换

在集成触发器的产品中,每种触发器都有自己固定的逻辑功能。但可以利用转换的方法获得具有其他功能的触发器。

(1)J - K 触发器转换为 T 触发器和 T′ 触发器。

将 J - K 触发器的 J、K 两端连在一起,并认它为 T 端时,就得到所需的 T 触发器,如图 3.31 所示。当 T = 0 时,时钟脉冲作用后,其状态保持不变;当 T = 1 时,时钟脉冲作用后,触发器状态翻转,其逻辑功能见表 3.41,其状态方程为 $Q^{n+1} = T\overline{Q}^n + \overline{T}Q^n$。

表 3.41　T 触发器的功能表

输　入				输　出
$\overline{S}_D$	$\overline{D}_D$	CP	T	Q^{n+1}
0	1	×	×	1
1	0	×	×	0
1	1	↓	0	Q^n
1	1	↓	1	$\overline{Q}^n$

若将 T 触发器的 T 端置"1",如图 3.32 所示,即得 T′ 触发器。在 T′ 触发器的 CP 端每来一个 CP 脉冲信号,触发器的状态就翻转一次,故称为反转触发器,广泛用于计数电路中。

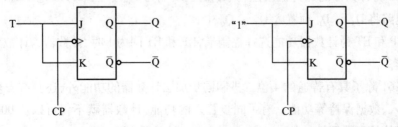

图 3.31　J - K 触发器转换为 T 触发器　　图 3.32　J - K 触发器转换为 T′ 触发器

（2）J – K 触发器转换为 D 触发器。

将 J – K 触发器的 J、K 两端通过与非门连在一起,并认它为 D 端,就得到所需的 D 触发器,如图 3.33 所示。当 D = 0 时,时钟脉冲作用后,Q = 0;当 D = 1 时,时钟脉冲作用后,Q =1。

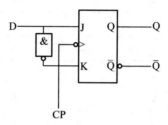

图 3.33　J – K 触发器转换为 D 触发器

3. 同步计数器 74LS161

74LS161 是 TTL 型二 – 十六进制可预置 4 位二进制数的同步加法计数器。74LS161 的引脚图如图 3.30(b) 所示,功能表见表 3.42。

表 3.42　74LS161 功能表

工作方式	输 入						输 出
	$\overline{CR}$	CP	EP	ET	$\overline{LD}$	D_n	Q_n
复位	0	×	×	×	×	×	0
数据置入	1	↑	×	×	0	1/0	1/0
保持	1	×	0	0	0	1	保持
	1	×	0	1	1	×	保持
	1	×	1	0	1	×	保持
计数	1	↑	1	1	1	×	计数

功能说明:

（1）$\overline{CR}$ 端为计数器的异步复位端,低电平有效,复位时计数器输出 $Q_3 \sim Q_0$ 皆为 0 电平。

（2）CP 端为同步时钟脉冲输入端,脉冲上升沿有效。

（3）$\overline{LD}$ 为计数器的并行输入控制端,仅当 $\overline{LD}$ 端为 0 电平且 $\overline{CR}$ 为 1 电平时,在 CP 脉冲上升沿,电路将 $D_3 \sim D_0$ 预置入 $Q_3 \sim Q_0$ 中。

（4）EP 和 ET 为计数器功能选择控制端,EP 和 ET 同为 1 时,计数器为计数状态,否则为保持状态。

74LS161 除了具有普通的 4 位二进制同步加法计数器的功能外,还具有异步清零、同步数据置入、数据保持等功能。有了同步置入的功能,计数器就不仅可以从 0000 开始计数,还可以从任意数开始计数。

四、实验内容

1. J - K 触发器 74LS112 及其功能测试

J - K 触发器74LS112功能测试电路图如图3.34所示,触发器控制端1$\overline{R}_D$、1$\overline{S}_D$和数据端1J、1K 接逻辑电平开关K,输出端 Q 接发光二极管 L,时钟端1CP 接手动单脉冲信号。

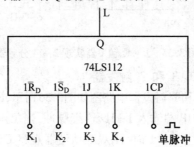

图 3.34 J - K 触发器 74LS112 功能测试

(1)测试 $\overline{R}_D$、$\overline{S}_D$ 的复位、置位功能。

要求改变 $\overline{R}_D$、$\overline{S}_D$(J、K、CP处于任意状态),并在 $\overline{R}_D = 0$($\overline{S}_D = 1$)或 $\overline{S}_D = 0$($\overline{R}_D = 1$)作用期间任意改变J、K及CP的状态,观察Q、$\overline{Q}$状态。自拟表格并记录。

(2)测试 J - K 触发器的逻辑功能。

置$\overline{R}_D$、$\overline{S}_D = 1$,按表3.43的要求改变J、K、CP端状态,观察Q、$\overline{Q}$状态变化,观察触发器状态更新是否发生在 CP 脉冲的下降沿(即 CP 由 $1 \to 0$),并记录。

表 3.43 J - K 触发器的逻辑功能测试表

J	K	CP	Q^{n+1}	
			$Q^n = 0$	$Q^n = 1$
0	0	↑		
		↓		
0	1	↑		
		↓		
1	0	↑		
		↓		
1	1	↑		
		↓		

2. 利用 J - K 触发器实现 2 - 4 分频器

利用 J - K 触发器实现2 - 4分频器电路图如图3.35所示,按电路图连接电路。

(1)先接手动单脉冲做驱动信号(1CP 连接手动单脉冲)、用发光二极管 L 观察 Q_1 和 Q_2 的状态。

(2)用连续脉冲做驱动信号,用示波器观察输入1CP 和输出 Q_1、Q_2 的波形,将波形画在坐标图上。

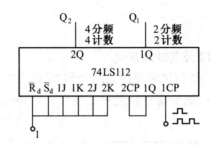

图 3.35　J - K 触发器实现 2 - 4 分频器

3. 利用 J - K 触发器实现 T 和 T′ 触发器

利用 J - K 触发器实现 T 和 T′ 触发器电路图如图 3.36 所示,试通过实验验证各电路功能。

(1)图 3.36(a)中,在 CP 端输入 1 kHz 连续脉冲,当 T = 0 时,用双踪示波器观察 CP 及 Q 端波形,画出波形图。当 T = 1 时,用双踪示波器观察 CP 及 Q 端波形。

(2)图 3.36(b)中,当 CP 端输入 1 kHz 连续脉冲时,用双踪示波器观察 CP 及 Q 端波形,画出波形图,当 CP 端输入 2 kHz 连续脉冲时,用双踪示波器观察 CP 及 Q 端波形,画出波形图。

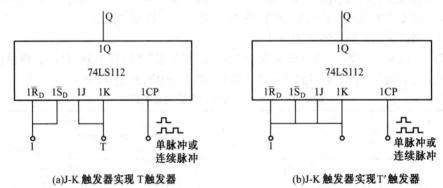

(a)J-K 触发器实现 T 触发器　　　　　　　(b)J-K 触发器实现 T′ 触发器

图 3.36　J - K 触发器实现 T 和 T′ 触发器

4. 利用 J - K 触发器和门电路实现 D 触发器

J - K 触发器实现 D 触发器电路图如图 3.37 所示,试通过实验验证各电路功能。当 CP 端输入 1 kHz 连续脉冲时,用双踪示波器观察 CP 及 Q 端波形,画出波形图。

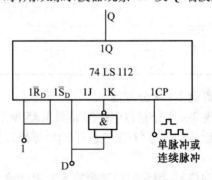

图 3.37　J - K 触发器实现 D 触发器

5.中规模计数器74LS161 的功能测试

$\overline{CR}$、CP、EP、ET、$\overline{LD}$、D_3 ~ D_0 接逻辑电平开关 K,Q_3 ~ Q_0 接发光二极管 L,CP接时钟脉冲或手动单脉冲,按表 3.44 测试其功能,将测试结果填入表中。

表 3.44　74LS161 的功能测试表

状　　态	输　　入					输　　出	
	$\overline{CR}$　$\overline{LD}$	CP	ET　EP	D_0　D_1　D_2　D_3		Q_3　Q_2　Q_1　Q_0	
清　零	0　×	×	×　×	×　×　×　×			
预　置	1　0	↑	×　×	1　0　0　0			
				0　1　0　0			
保　持	1　1	↑	ET·EP = 0	×　×　×　×			
计　数	1　1	↑	1　1	×　×　×　×			

6.利用74LS161 的数据预置功能实现计数范围可调整的计数器

电路如图 3.38 所示,D_3 ~ D_0 接数据开关,Q_3 ~ Q_0 接 LED 数码显示器。

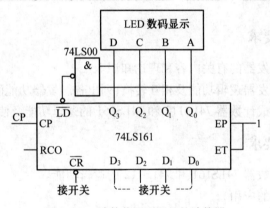

图 3.38　计数范围可调整的计数器

(1) 按图 3.38 接线,检查无误后接通电源。

(2) $\overline{CR}$ 端置 0,使得计数器的初始状态预置为 0,再将$\overline{CR}$ 端置 1。

(3) 将 D_3 ~ D_0 所接数据开关设置为 0010。

(4) 在 CP 端手动发计数脉冲,观察并记录输出的变化。

(5) 将 D_3 ~ D_0 所接数据开关设置为 0011。

(6) 在 CP 端手动发计数脉冲,观察并记录输出的变化。

(7) 将所得的所有数据计入表 3.45。

分析结果:

① 当 $D_3D_2D_1D_0$ = 0010 时,计数器的计数范围为从_____到_____;计数器为_____进制计数器。

② 当 $D_3D_2D_1D_0$ = 0011 时,计数器的计数范围为从_____到_____;计数器为_____进制计数器。

表 3.45　利用 74LS161 的数据预置功能构成计数器测试数据

CP 脉冲	$D_3D_2D_1D_0 = 0010$ 时					$D_3D_2D_1D_0 = 0011$ 时				
	Q_3	Q_2	Q_1	Q_0	LED 显示	Q_3	Q_2	Q_1	Q_0	LED 显示
0										
1										
2										
3										
4										
5										
6										
7										
8										
9										

五、实验预习要求

（1）复习集成触发器的有关内容和理论知识。

（2）掌握各种触发器逻辑功能及相互转换，列出各触发器功能测试表格。

（3）认真理解集成计数器 74LS112 和 74LS161 的逻辑功能及使用方法。

六、实验报告要求

（1）总结集成计数器 74LS161 和 74LS112 的逻辑功能。

（2）体会触发器的应用。

七、思考题

（1）74LS112 里有几个 J － K 触发器？它们各有几个数据输入端？

（2）74LS112 是对应时钟上升沿触发还是对应时钟下降沿触发？

（3）中规模计数器 74LS161 是同步清零还是异步清零？是同步预置数还是异步预置数？如何理解"同步"和"异步"的意义？

实验 8　555 定时器应用电路

一、实验目的

（1）熟悉 555 定时器的组成及工作原理。

（2）掌握 555 定时器各管脚的功能。

（3）掌握 555 定时器组成的单稳态电路、多谐振荡器电路和施密特电路。

二、实验设备与器件

（1）数字实验箱：1 台。
（2）双踪示波器：1 台。
（3）函数信号发生器：1 台。
（4）555 芯片：1 片。

三、实验原理

555 集成定时器是一种数字、模拟混合型的中规模集成电路，应用十分广泛，可以构成单稳态触发器、多谐振荡器和施密特触发器等多种电路。

1.555 集成电路的工作原理

555 电路的内部结构框图如图 3.39 所示。它由基本 R - S 触发器、电压比较器 C_1 与 C_2、3 只 5 kΩ 的电阻器构成的分压器、一个放电开关管 T 组成。3 个 5 kΩ 串联电阻将电源电压 V_{CC} 分压成 $\frac{1}{3}V_{CC}$ 和 $\frac{2}{3}V_{CC}$，为高电平比较器 C_1 的同相输入端和低电平比较器 C_2 的反相输入端提供参考电压 $\frac{2}{3}V_{CC}$ 和 $\frac{1}{3}V_{CC}$，C_1 与 C_2 的输出端控制 R - S 触发器状态和放电管开关状态。当输入信号自 6 脚，即高电平触发 TH 输入并超过参考电平 $\frac{2}{3}V_{CC}$ 时，触发器复位，555 的输出端 3 脚输出低电平，同时放电开关管导通；当输入信号自 2 脚输入并低于 $\frac{1}{3}V_{CC}$ 时，触发器置位，555 的 3 脚输出高电平，同时放电开关管截止。T 为放电管，当 T 导通时，将给接于脚 7 的电容器提供低阻放电通路。

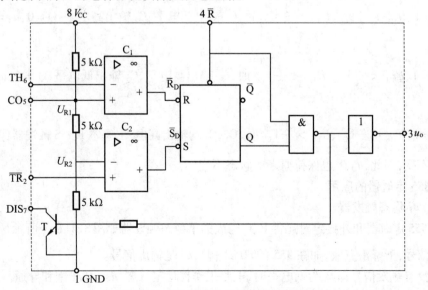

图 3.39　555 集成定时器内部结构框图

555 定时器的引脚图如图 3.40 所示。$\overline{R}$ 是复位端(4 脚),低电平有效,当 $\overline{R} = 0$(复位)时,不论其他引脚状态如何,输出 3 引脚被强制复位为 0。平时 $\overline{R}$ 端接 V_{CC}。CO 是控制电压端(5 脚),平时输出 $\frac{2}{3}V_{CC}$ 作为比较器 C_1 的参考电平,当 5 脚外接一个输入电压时,即改变了比较器的参考电平,假如在 5 脚外加一参考电压 U_C,则改变 C_1 与 C_2 的参考电压值为 U_C 和 $\frac{1}{2}U_C$,在不接外加电压时,通常接一个 0.01 μF 的电容

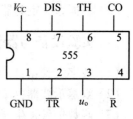

图 3.40　555 定时器引脚图

器到地,起滤波作用,以消除外来的干扰,确保参考电平稳定。TH(6 脚)为高电平触发端,用来输入触发电压。$\overline{TR}$(2 脚)为低电平触发端,用来输入触发电压。DIS(7 脚)接电容。u_o(3 脚)为输出,V_{CC}(8 脚)接电源。

555 定时器功能表见表 3.46,它全面地表示了 555 的基本功能。

表 3.46　555 定时器的功能表

$\overline{R}$	U_{TH}	$U_{\overline{TR}}$	$\overline{R}_D$	$\overline{S}_D$	Q	u_o	T
0	×	×	×	×	×	0	导通
1	$> \frac{2}{3}V_{CC}$	$> \frac{1}{3}V_{CC}$	0	1	0	0	导通
1	$< \frac{2}{3}V_{CC}$	$< \frac{1}{3}V_{CC}$	1	0	1	1	截止
1	$< \frac{2}{3}V_{CC}$	$> \frac{1}{3}V_{CC}$	1	1	保持	保持	保持

$\overline{R} = 0$ 时,输出电压 $u_o = 0$,T 饱和导通。

$\overline{R} = 1$、$U_{TH} > \frac{2}{3}V_{CC}$、$U_{\overline{TR}} > \frac{1}{3}V_{CC}$ 时,C_1 输出低电平、C_2 输出高电平,$Q = 0$,$u_o = 0$,T 饱和导通。

$\overline{R} = 1$、$U_{TH} < \frac{2}{3}V_{CC}$、$U_{\overline{TR}} < \frac{1}{3}V_{CC}$ 时,C_1 输出高电平、C_2 输出低电平,$Q = 1$,$u_o = 1$,T 截止。

$\overline{R} = 1$、$U_{TH} < \frac{2}{3}V_{CC}$、$U_{\overline{TR}} > \frac{1}{3}V_{CC}$ 时,C_1、C_2 均输出高电平,基本 R - S 触发器保持原来的状态不变,因此,u_o、T 也保持原来的状态不变。

2.555 定时器的应用

(1)单稳态触发器。

由 555 定时器和外接定时元件 R、C 构成的单稳态触发器如图 3.41(a)所示。u_i 为输入触发信号,下降沿有效,加在 555 的 $\overline{TR}$(2 脚),u_o 是输出信号。

当没有触发信号即 u_i 为低电平时,电路工作在稳定状态,$u_o = 0$,T 饱和导通。当 u_i 下降沿到来时,电路被触发,立即由稳态翻转为暂稳态,$Q = 1$,$u_o = 1$,T 截止,电容 C 开始充

电,u_C 按指数规律增长。当 u_C 充电到 $\frac{2}{3}V_{CC}$ 时,高电平比较器动作,比较器 C_1 翻转,输出 u_o 从高电平返回低电平,放电开关管 T 重新导通,电容 C 上的电荷很快经放电开关管放电,暂态结束,恢复稳态,为下个触发脉冲的到来做好准备。波形图如图 3.41(b) 所示。

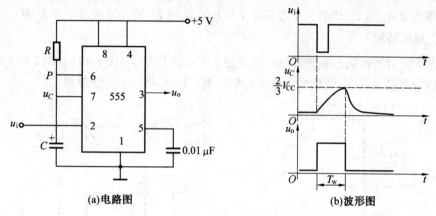

(a)电路图　　　　　　　　　　　(b)波形图

图 3.41　用 555 构成的单稳态触发器

暂稳态的持续时间 T_w(即为延时时间) 决定于外接元件 R、C 值的大小

$$T_w = 1.1RC$$

通过改变 R、C 的大小,可使延时时间在几个微秒到几十分钟之间变化。

(2) 多谐振荡器。

由 555 定时器构成的多谐振荡器如图 3.42(a) 所示,R_1、R_2、C 是外接定时元件,定时器 TH(6 脚)、$\overline{\text{TR}}$(2 脚)端连接起来接 u_C,晶体管集电极(7)接到 R_1、R_2 的连接点 P。电路没有稳态,仅存在两个暂稳态,电路亦不需要外加触发信号,利用电源通过 R_1、R_2 向 C 充电,以及 C 通过 R_2 向放电端 CO(7) 放电,使电路产生振荡。电容 C 在 $\frac{1}{3}V_{CC}$ 和 $\frac{2}{3}V_{CC}$ 之间充电和放电,其波形如图 3.42(b) 所示。输出信号的时间参数为

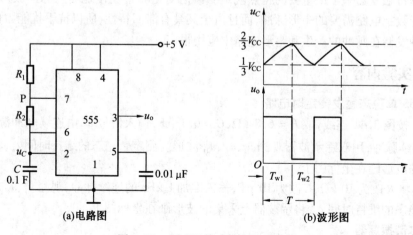

(a)电路图　　　　　　　　　　　(b)波形图

图 3.42　用 555 构成的多谐振荡器

$$T = T_{w1} + T_{w2}$$
$$T_{w1} = 0.7(R_1 + R_2)C$$
$$T_{w2} = 0.7R_C$$
$$T = 0.7(R_1 + 2R_2)C$$

电路要求 R_1 与 R_2 均应大于或等于 1 kΩ,但 $R_1 + R_2$ 应小于或等于 3.3 MΩ。

（3）施密特触发器。

由 555 定时器构成的施密特触发器如图 3.43(a) 所示。TH(6 脚)、$\overline{TR}$(2 脚) 端连接起来作为信号输入端 u_i,便构成了施密特触发器。图 3.43(b) 为波形图。

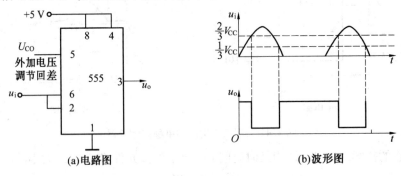

图 3.43   用 555 构成的施密特触发器

利用 555 的高低电平触发的回差电平,可构成具有滞回特性的施密特触发器。施密特触发器回差控制有两种方式:其一为电压控制端 5 引脚不外加控制电压,此时高低电平的触发电压分别为 $\frac{2}{3}V_{CC}$ 和 $\frac{1}{3}V_{CC}$ 不变;当 u_i 上升到 $\frac{2}{3}V_{CC}$ 时,u_o 从高电平翻转为低电平;当 u_i 下降到 $\frac{1}{3}V_{CC}$ 时,u_o 又从低电平翻转为高电平。回差电压 $\Delta U = \frac{2}{3}V_{CC} - \frac{1}{3}V_{CC} = \frac{1}{3}V_{CC}$。其二为电压控制端 5 引脚外加控制电压 U,回差电压 $\Delta U = \frac{1}{2}U$。

施密特触发器一个最重要的特点就是能够把变化非常缓慢地输入脉冲波形,整形成为适合于数字电路需要的矩形脉冲,而且由于其具有滞回特性,所以抗干扰能力也很强。施密特触发器在脉冲的产生和整形电路中应用很广。

四、实验内容

1.555 单稳态触发器定时电路

（1）按图 3.41 连线,取 $R = 6.8$ kΩ,$C = 0.1$ μF,输入信号 u_i 由连续脉冲源提供,加 1 kHz 连续脉冲,用双踪示波器观测 u_i、u_C、u_D 波形。测定暂稳态的维持时间 t_w,将示波器上采集的波形画在坐标图上。

（2）将 R 改为 10 kΩ,C 改为 10 μF,输入端加 1 kHz 的连续脉冲,观测 u_i、u_C、u_o 波形,测定暂稳态的维持时间 t_w,将示波器上采集的波形画在坐标图上。

2. 多谐振荡器

按图 3.42(a) 接线,$R_1 = R_2 = 4.7$ kΩ,$C = 0.1$ μF。

（1）用示波器观察振荡器输出 u_o 和电容电压 u_C 的波形,测量出输出脉冲的幅度 U_{om}、周期 T,测量 u_C 的最小值和最大值,将采集到的数据画在坐标图上。

（2）压控振荡电路中,555 定时器的 5 管脚接一可调电压源 U(也可用分压器来提供),用示波器观察振荡器输出 u_o,分别测出控制电压 U_D 为 1.5 V、3 V、4.5 V 时的振荡频率。

3. 施密特触发器

按图 3.43(a)接线,将可调节输入直流电压接至 5 引脚。用函数信号发生器产生 $V_{ipp}=5$ V,$f=1$ kHz 的三角波,连接至电路的触发输入端。用双踪示波器观察并画出输入和输出的波形,测绘电压传输特性,算出回差电压 ΔU,在 5 脚 CO 外加电压 1 V、2 V,观察双踪示波器输入和输出波形之间相位上的变化,并测绘电压传输特性,算出回差电压 ΔU。

五、实验预习要求

（1）复习 555 集成电路的基本内容和常见的应用电路。
（2）阅读实验指导书,理解实验原理,了解实验步骤。

六、实验报告要求

（1）总结单稳态电路、多谐振荡器及施密特触发器的功能和各自特点。
（2）回答思考题。

七、思考题

（1）多谐振荡器的振荡频率主要由哪些元件决定? 单稳态触发器输出脉冲宽度与什么有关?
（2）在实验中 555 定时器 5 脚所接的电容起什么作用?
（3）计算施密特电路回差电压的理论值 ΔU(V_{CC} 电压为 5 V)。

实验 9　计算机仿真

一、实验目的

（1）掌握仿真软件 OrCAD 的使用方法。
（2）熟悉使用 OrCAD 软件进行组合及时序数字电路的仿真分析。
（3）通过仿真,发现并解决设计过程中的问题。

二、预习要求

（1）了解 OrCAD 软件的使用方法。
（2）在计算机进行练习,熟悉 OrCAD 软件的主菜单、各种工具栏和仪表栏的使用方法。

三、实例解析

【例3.1】 与非门功能仿真验证。

仿真验证过程如下：

1. 新建文件

（1）点击并打开 OrCAD 软件，在软件界面中点击 File 菜单中的"New/Project"命令，屏幕上弹出"New Project"对话框。其中，在"Name"栏中输入文件名，在"Create a New Project Using"栏中选择"Analog or Mixed A/D"选项，在"Location"栏中选择文件的存储路径（注意文件名和存储路径应该用英文或数字来表示，不能出现中文）。填好各项后点击 OK 按钮。

（2）此时屏幕上弹出"Create Pspice project"对话框，选择其中的"Create a blank project"选项，点击 OK 按钮。此时出现绘制电路图的工作界面，在该界面上单击鼠标，则出现各种将要使用的工具栏。

2. 绘制电路图

（1）放置元器件符号：执行"Place/Part"命令，或点击专用绘图工具中的 ⊅ 按钮，屏幕上弹出"Place Part"对话框。在 SOURCSTM 库中调用激励源 DigStim1，在 EVAL 库中调用与非门7400。执行"Place/Ground"命令，或点击专用绘图工具中的 按钮，在 SOURCE 库中选取数字电路的高电平"$ D_HI"符号。按图示位置放置各元器件符号。

（2）连接线路：执行"Place/Wire"命令，或点击专用绘图工具中的 按钮，光标由箭头变为十字形。将光标指向需要连线的一个端点，单击鼠标左键，移动光标，即可拉出一条线，到达另一端点时，接点出现一红色实心圆，再次单击鼠标左键，便可完成一段接线。

（3）设置节点别名：执行"Place/Net Alias"命令，或点击专用绘图工具中的 按钮，屏幕弹出"Place Net Alias"对话框。在"Alias"文本框键入节点名，移动光标至目标节点处，点击鼠标左键，则该处显示新设置的节点别名。

绘好的电路图如图3.44所示。

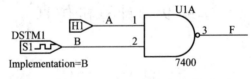

图3.44 与门非仿真电路图

3. 电路元素的属性编辑

激励源 DigStim 的属性编辑：

（1）选中"DigStim1"符号，单击右键，在打开的命令菜单中点选"Edit PSpice Stimulus"，出现激励源编辑框。

（2）在"Name"栏填入"B"，在"Digital"栏选择"Clock"。

（3）单击 OK 按钮，出现时钟属性设置框。

（4）"Frequency（频率）"设置为"2 k"，"Duty cycle（工作循环）"设置为"0.5"，

"Initial value(初值)"设置为"0","Time delay(延迟时间)"设置为"0"。

（5）设置完毕，单击 OK 按钮。

4. 确定分析类型及设置分析参数

（1）Simulation Setting(分析类型及参数设置对话框)的进入。

① 执行菜单命令"PSpice/New Simulation Profile"，或点击工具按钮，屏幕上弹出"New Simulation(新的仿真项目)"设置对话框。

② 在"Name"文本框中键入该仿真项目的名字，点击 Create 按钮，即可进入"Simulation Settings(分析类型及参数)"设置对话框。

（2）仿真分析类型分析参数的设置。

①"Analysis type"选择"Time Domain(Transient)"。

②"Option"选择"General Settings"。

③ 在"Run to"栏键入"2ms"，"Start saving data"栏键入"0"。

以上各项设置完毕，按 确定 按钮，即可完成仿真分析类型及分析参数的设置。

5. 启动仿真并显示波形

（1）执行 Capture 窗口中的菜单命令"PSpice/Run"，或点击工具按钮，启动"PSpice A/D"视窗对电路进行模拟仿真。

（2）执行 Probe 窗口的菜单命令"Trace/Add Trace"，或点击工具按钮，在"Add Trace"对话框中点击 A、B、F，按 OK 按钮，显示随时间变化的输入及输出信号波形，仿真结果如图 3.45 所示。

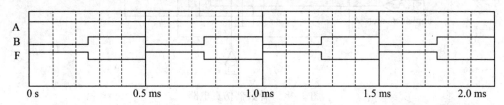

图 3.45　Probe 窗口的波形显示

【例 3.2】　计数器 CT74LS161 的管脚示意图如图 3.46 所示。如按图 3.47 所示的同步置数法电路接线，通过仿真结果可知该电路实现_____进制计数。

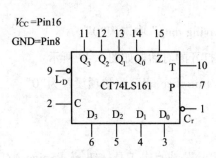

图 3.46　CT74LS161 的管脚示意图

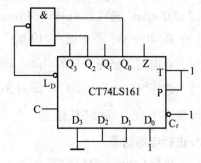

图 3.47　同步置数法

解题步骤：

1. 绘图

（1）执行"Place/Part"命令，或点击专用绘图工具中的 ⬡ 按钮。在 EVAL 库中调用计数器 74161 和与非门 7400，在 SOURCSTM 库中调用激励源 DigStim1。

（2）执行"Place/Ground"命令，或点击专用绘图工具中的 ⏚ 按钮，在 SOURCE 库中选取数字电路的高电平"＄D_HI"和低电平"＄D_LO"符号。

（3）设置激励源。以鼠标左键选中 DSTM1，单击鼠标右键，在打开的命令菜单中选中"Edit PSpice Stimulus"，屏幕弹出激励源编辑对话框。在其中键入激励源名称"A"，并选择数字时钟属性，点击 OK 按钮后，弹出时钟属性对话框，在其中设置频率为 1 kHz，点击 OK 按钮后，激励源编辑视窗显示设置好的激励源波形，存盘后关闭该窗口。

（4）计数器输出端设置节点别名。

绘制好的仿真电路如图 3.48 所示。

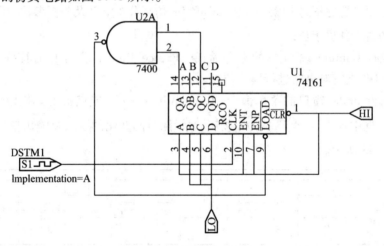

图 3.48　计数器仿真电路

2. 确定分析类型及设置分析参数

"Simulation Settings"中的各项设置：

（1）"Analysis type"选择"Time Domain(Transient)"。

（2）"Option"选择"General Settings"。

（3）在"Run to"栏中键入"10 ms"，"Start saving data"中键入"0"。

（4）点击对话框左上角的 Options 标签页。打开的对话框如图 3.49 所示。

（5）选择"Category/Gate-level Simulation/Initialize all"，将该项设置为"0"。

设置完毕，点击 确定 按钮。

3. 进行电路仿真

（1）执行 Capture 窗口的菜单命令"PSpice/Run"，或点击工具按钮 ▶，PSpice A/D 软件对该电路图进行仿真模拟。

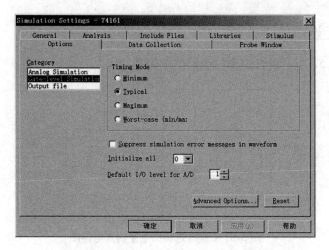

图 3.49　"Simulation Settings"设置对话框

（2）执行 PSpice A/D 视窗的菜单命令"Trace/Add Trace"，或点击工具按钮 ，打开 "Add Traces"对话框，如图 3.50 所示。在该对话框中依次选中 DCBA 及{DCBA}后，按 OK 按钮，屏幕显示计数器输出波形，如图 3.51 所示。根据仿真结果可知，图 3.48 所示电路可实现五进制计数功能。

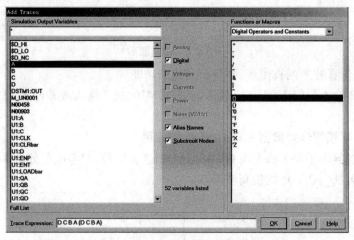

图 3.50　"Add Traces"对话框

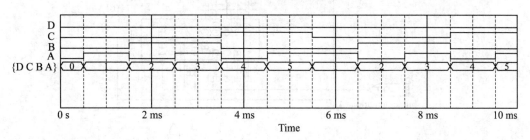

图 3.51　Probe 窗口的波形显示

四、实验任务

1.分析图3.52所示组合逻辑门电路的逻辑功能。

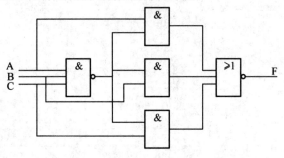

图3.52　组合逻辑门电路仿真电路图

（1）画出输入A、B、C及输出F的仿真波形（图3.53）。

图3.53　仿真波形

（2）根据仿真波形列真值表，并分析其逻辑功能。

提示：四2输入与门7408、三3输入与非门7410、三3输入或非门7427从EVAL库中提取。

2.集成中规模同步计数器CT74LS161的应用

试用复位（异步清除）法实现CT74LS161十进制计数，参考电路如图3.54所示，在图3.55中绘制Q_3、Q_2、Q_1、Q_0的仿真波形。

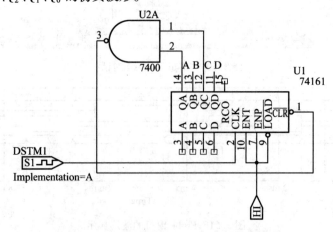

图3.54　同步计数器CT74LS161仿真电路图

图 3.55　仿真波形

提示：(1)CT74LS161 从 EVAL 库中提取。

(2) 各管脚功能。

1 管脚：异步清零端。

2 管脚：脉冲输入端(接激励源)。

3、4、5、6 管脚：数据输入端。

7、10 管脚：计数使能端(同时为 1—— 记数；至少一个为 0—— 保持)。

9 管脚：同步置数端。

11、12、13、14 管脚：输出端。

15 管脚：进位端。

（3）运行 PSpice A/D 软件对电路进行模拟仿真之前将 CT74LS161 清零：在分析类型及参数设置"Simulation Settings"对话框中，选择"Options"标签页，点击"Category/Gate - level Simulation/Initialize all"，将该项选择设置为"0"。

3.555 定时器构成的多谐振荡器(选做)

对图 3.56 所示的多谐振荡器进行仿真，观察并记录 A 点及电容 C_2 的波形。

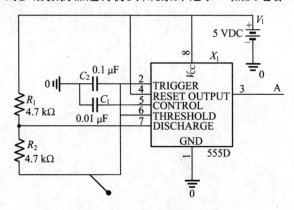

图 3.56　多谐振荡器仿真电路图

仿真波形画在图 3.57 中。

提示：(1)555 定时器从 EVAL 库中提取，电容与电阻从 ANALOG 库中提取，双击器件改变参数。

（2）电路地的选取操作：选择"Place/Ground"命令，或点击专用绘图工具中的按钮，在 SOURCE 库中选取"0"。

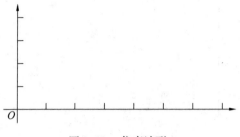

图 3.57　仿真波形

（3）观察电容 C_2 波形的方法为,在该节点添加电压探针(点击 图标)。

（4）仿真时间设置为 0 ~ 5 ms。

五、实验报告要求

（1）验证仿真与计算结果的一致性。

（2）总结使用 OrCAD 进行仿真的步骤。

第4章

电子电路综合设计

设计1　水温控制系统

一、设计条件

实验室为该设计提供的仪器设备和主要元器件如下:

(1)THM – 6 模拟实验箱。

(2)THD – 4 数字电子实验箱。

(3)"集成运算放大器应用"实验插板。

(4)直流稳压电源。

(5)双踪示波器。

μA741 集成运算放大器、LM324 集成运算放大器、AD590 温度传感器,NPN 晶体管 9013、PNP 晶体管 9012、12 V 直流继电器、电位器、发光二极管、电阻、电容、二极管、导线若干。

说明:模拟、数字电子技术实验箱上有不同阻值的电位器,有晶体管和芯片插座;"集成运算放大器应用实验"插板上有不同参数值的电阻和电容,可任意选用。

二、设计要求

(1)要求控制电路能够对室温 22 ~ 60 ℃ 有非常敏感的反应。

(2)有温度设定功能,例如设定温度为 40 ℃,对应 4 V 电压值。

(3)当温度超过设定温度值时,指示灯点亮,进行报警提示。

三、预习要求

(1)熟悉集成温度传感器 AD590 的内部结构及工作原理。

(2)熟悉集成运算放大器的管脚排列和功能。

四、设计内容

水温控制系统的基本组成框图如图4.1所示,该电路由温度传感器、K－℃控制器、温度设置、比较器和执行单元组成。温度传感器的作用是把温度信号转换成电流或电压信号,K－℃变换器将绝对温度(K)变换成摄氏温度(℃)。信号经放大和刻度定标(0.1 V/℃)后送入比较器与预先设定的固定电压(对应控制温度点)进行比较,由比较器输出电平高低变化来控制执行机构(LED指示灯)工作,利用LED指示灯的亮灭,实现温度自动控制。

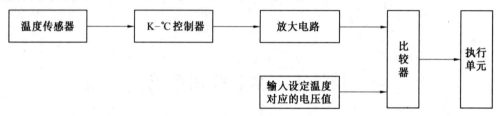

图4.1　水温控制系统框图

1.电路原理图

水温控制系统电路原理图如图4.2所示。

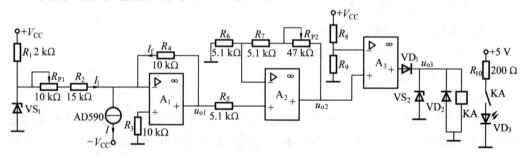

图4.2　水温控制系统电路原理图

2.系统调试流程

(1)按原理图接线。

(2)不接入AD590时,测量u_{o1}为－2.73 V,通过调节电位器R_{P1}用以平衡掉273 μA电流,此时流过运算放大器A_1的电流方向与I_f方向相反。

(3)接入AD590,此时输出u_{o1}应与室温相对应,例如,24 ℃对应240 mV,流过运算放大器A_1的电流方向与I_f方向相同。

(4)调节电位器R_{P2},使得运算放大器A_2的电压放大倍数为10倍。

(5)用手或热水杯触及AD590,观察继电器是否动作,发光二极管是否发光。

五、设计报告要求

(1)写明设计题目、设计任务及设计条件。

(2)画出电路原理图。

（3）写出设计说明与设计小结。

（4）列出设计参考资料。

设计 2　彩灯控制系统

一、设计条件

实验室为该设计提供的仪器设备和主要元器件如下：

（1）THM - 6 模拟实验箱。

（2）THD - 4 数字电子实验箱。

（3）"集成运算放大器应用"实验插板。

（4）直流稳压电源。

（5）双踪示波器。

74LS161、74LS194、74LS90、74LS192、74LS00、74LS20、74LS86、74LS08、74LS32、555 定时器、导线若干。

说明：模拟、数字电子技术实验箱上有共阴极数码管、时钟脉冲(1 Hz、1 kHz、单脉冲等) 以及若干芯片插座供选用。

二、设计要求

本设计要求利用 74LS194 移位寄存器为核心器件，设计一个 8 路彩灯循环系统，要求彩灯显示以下花型：

（1）花型 Ⅰ :8 路彩灯由中间到两边对称地依次点亮，全亮后仍由中间向两边依次熄灭。

（2）花型 Ⅱ :8 路彩灯分成两半，从左自右顺次点亮，再顺次熄灭。

利用开关可以自动切换上述两种花型。

三、预习要求

（1）熟悉 74LS194 移位寄存器的管脚排列及功能。

（2）设计相应的电路图，标注元器件参数，并进行仿真验证。

四、设计原理

根据题目要求，可以利用 555 定时电路组成一个多谐振荡器，发出连续脉冲，作为移位寄存器或计数器的时钟脉冲源。为了实现彩灯流向的控制，可以选用移位寄存器或加减法计数器。控制电路用来实现花型切换或彩灯流向控制。彩灯控制系统的原理框图如图 4.3 所示。

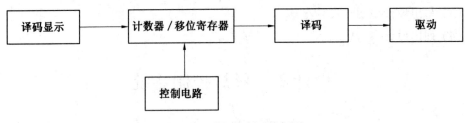

图 4.3　彩灯控制系统框图

五、设计报告要求

(1) 写明设计题目、设计任务及设计条件。

(2) 画出电路原理图。

(3) 写出设计说明与设计小结。

(4) 列出设计参考资料。

设计 3　智力竞赛抢答器

一、设计条件

实验室为该设计提供的仪器设备和主要元器件如下:

(1) THM－6 模拟实验箱。

(2) THD－4 数字电子实验箱。

(3) "集成运算放大器应用" 实验插板。

(4) 直流稳压电源。

(5) 双踪示波器。

74LS160、74LS273、74LS175、74LS00、74LS20、74LS86、74LS08、74LS32、555 定时器、导线若干。

说明:模拟、数字电子技术实验箱上有共阴极数码管、时钟脉冲(1 Hz、1 kHz、单脉冲等) 以及若干芯片插座供选用。

二、设计要求

(1) 设计一个可同时供 4 名选手参加比赛的 4 路数字显示抢答电路。选手每人一个抢答按钮,按钮的编号与选手的编号相同。

(2) 当主持人宣布抢答开始并同时按下清零按钮后,用数码显示出最先按抢答按钮的选手的编号,同时蜂鸣器发出间歇时间约为 0.5 s 的声响 2 s,当主持人按清零按钮后,数码显示零。

(3) 抢答器对参赛选手抢答动作的先后应有较强的分辨力,即选手间动作前后相差几毫秒,抢答器也能分辨出最先动作的选手,并显示其编号。

三、预习要求

(1) 熟悉 74LS175、74LS00、74LS20 等芯片管脚图和功能。

（2）设计相应的电路图,标注元器件参数,并进行仿真验证。

四、设计原理

抢答器需要有合适的设备分辨出最先发出抢答信号选手。为此,抢答电路应具有锁存功能,锁存最先抢答选手的编号,并用数码管显示出来,同时屏蔽其他选手的抢答信号,不显示其编号,直到主持人使用按钮将系统复位,使数码管显示为零为止,表明各选手可以开始新一轮抢答。实现此功能的一种参考电路原理框图如图4.4所示。

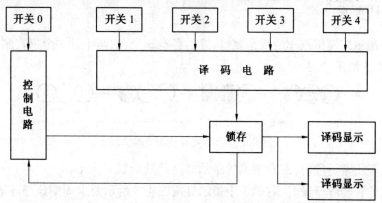

图4.4　抢答器电路原理框图

图4.4中,开关0为主持人用的按钮,开关1～4为选手的抢答开关,他们的开关号被编成对应的 BCD 码。当某位选手按动抢答开关后,其对应的数码送入锁存电路,再送至显示译码电路,显示出对应的选手号。为了只显示最先按抢答按钮的那个选手号,必须只锁存最先输入到锁存器的开关号,为此,在主持人按开关 0 后,锁存器处于进数状态。当有选手按下抢答开关,应形成反馈信号,通过控制电路锁存该选手的编码,直至主持人再按开关 0 为止。

在锁存该选手编码的同时,控制电路启动音响发生电路,形成间歇式音响。

五、设计报告要求

（1）写明设计题目、设计任务及设计条件。
（2）画出电路原理图。
（3）写出设计说明与设计小结。
（4）列出设计参考资料。

设计4　汽车尾灯控制电路

一、设计条件

实验室为该设计提供的仪器设备和主要元器件如下:
（1）THM－6模拟实验箱。
（2）THD－4数字电子实验箱。

(3)"集成运算放大器应用"实验插板。

(4)直流稳压电源。

(5)双踪示波器。

74LS161、74LS194、74LS00、74LS20、74LS86、74LS08、74LS32、导线若干。

说明:模拟、数字电子技术实验箱上有共阴极数码管、时钟脉冲(1 Hz、1 kHz、单脉冲等)以及若干芯片插座供选用。

二、设计要求

用6个指示灯模拟汽车的6个尾灯,左右各有3个,用两个开关分别控制左转弯和右转弯,如图4.5所示。

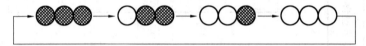

图4.5 汽车尾灯状态变换情况

(1)汽车正常行驶时,左右两侧的指示灯全部处于熄灭状态。

(2)汽车右转弯行驶时,右侧3个指示灯按图4.5所示要求周期地循环顺序点亮,左侧的指示灯熄灭。

(3)汽车左转弯行驶时,左侧3个指示灯按图4.5所示要求周期地循环顺序点亮,右侧的指示灯熄灭。

(4)当司机不慎同时接通了左右转弯的两个开关时,则紧急闪烁灯亮,同时6个尾灯按一定频率同时亮灭闪烁。

(5)当急刹车开关接通时,则所有的6个尾灯全亮。

(6)当停车时,6个尾灯全灭。

三、预习要求

(1)熟悉74LS194、74LS161等芯片管脚图和功能。

(2)设计相应的电路图,标注元器件参数,并进行仿真验证。

四、设计内容

1.电路原理图

汽车尾灯控制电路原理图如图4.6所示。

2.系统调试流程

(1)按原理图接线。

(2)调试74LS161组成的四进制计数器。

(3)调试74LS194组成的移位电路。

(4)整体电路的调试。

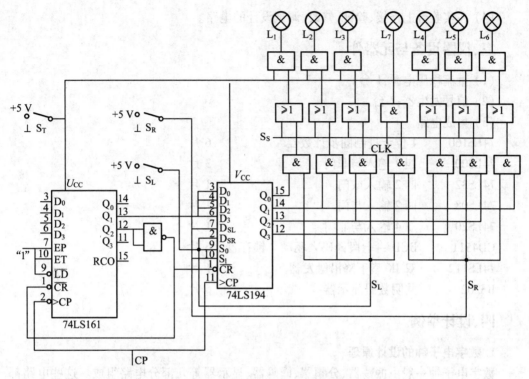

图 4.6　汽车尾灯控制电路原理图

五、设计报告要求

(1) 写明设计题目、设计任务及设计条件。

(2) 画出电路原理图。

(3) 写出设计说明与设计小结。

(4) 列出设计参考资料。

设计 5　数字电子钟设计

一、设计目的

(1) 培养学生设计、调试常用数字电路系统的能力。

(2) 提高学生应用计数器功能扩展、级联方法的能力。

(3) 提高学生对技术、译码、显示系统的设计能力。

二、设计任务及要求

(1) 设计一个具有"时""分""秒"十进制数字的计数、译码、显示电路。

(2) 电路具有校表功能。

(3) 使用中、小规模的 TTL 芯片实现。

（4）在实验台上连接、验证、修改、调试设计的电路。

三、仪器设备与元器件

（1）直流稳压电源：1台。

（2）信号发生器：1台。

（3）集成电路。

74LS160	4位十进制同步计数器	6片
74LS00	四2输入与非门	3片
74LS32	四2输入或门	1片
74LS08	四2输入与门	1片
74LS20	双4输入与非门	1片
CD4511	BCD－七段译码/驱动/锁存器	6片
74LS112	双JK型下降沿触发器	1片
BS202	共阴数码显示器	6片

四、设计举例

1. 数字电子钟的设计原理

数字电子钟一般由振荡器、分频器、译码器、显示器等几部分电路组成。这些电路都是数字电路中应用最广的基本电路，总体结构框图如图4.7所示。

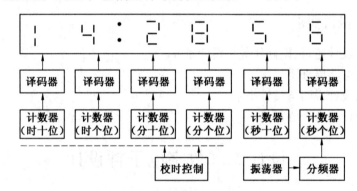

图4.7　数字电子钟总体结构框图

将振荡器产生的时标信号送到分频器，分频器将时标信号分成每秒一次的方波作为秒信号。秒信号送入计数器进行计数，并把累计的结果以"时""分""秒"的数字显示出来。"秒"的计数、显示由两级计数器和译码器组成的六十进制计数电路实现；"分"的计数、显示电路与"秒"的相同；"时"的计数、显示由两级计数器和译码器组成的二十四进制计数电路实现。所有计时结果由六位数码管显示器显示。

2. 数字电子钟的工作原理

（1）脉冲产生电路。

秒脉冲产生电路由振荡器和分频器构成。振荡器有门电路构成的对称式多谐振荡器、环形振荡器以及由施密特触发器构成的多谐振荡器、石英晶体振荡器等多种类型。

数字电子钟应具有标准的时间源,用它产生频率稳定的 1 Hz 脉冲信号,称为秒脉冲。由于它直接影响到计时器走时的准确度,因此采用石英晶体振荡器,并经多级分频电路后获得秒脉冲信号,电路如图 4.8 所示。

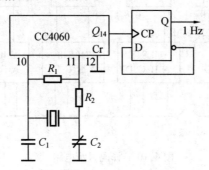

图 4.8　脉冲产生电路

从电路的体积、成本以及分频方便考虑,数字电子钟通常采用石英晶体振荡器的谐振频率为 32.768 kHz,经过十五级二分频电路,便可得到频率为 1 Hz 的秒脉冲信号。电路中选用一片 CC4060 和一片 74LS74 组成了一个十五级二分频电路。

(2) 计数器。

来自分频器的时标信号先后经过两级六十进制计数器和一个二十四进制计数器,分别得到"秒"个位、十位,"分"个位、十位以及"时"个位、十位的计时。"秒""分"计数器为六十进制计数器,"时"计数器为二十四进制计数器。

六十进制计数器由两片 74160 组成,采用整体置零法来实现。图 4.9 所示的电路是用两片 74160 组成的六十进制的计数器。

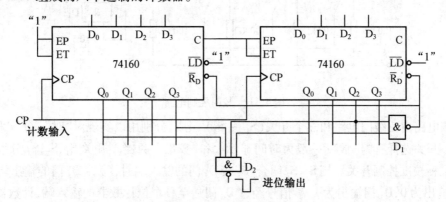

图 4.9　六十进制计数器电路

"时"计数器应为二十四进制计数器,也可采用两片 74160 芯片利用整体置零法来实现。当时计数器计数到第二十四个脉冲信号时,时计数器复位,即完成一个计数周期。电路与六十进制计数器相似。

(3) 译码显示电路。

译码电路可选用 74LS48 直接驱动共阴极的半导体数码管。图 4.10 所示电路为用 74LS48 驱动 BS202 的连接方法。

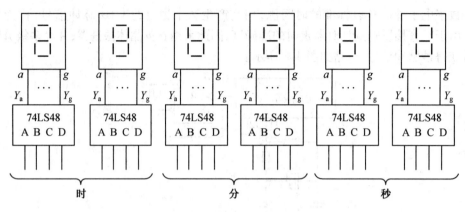

图 4.10　译码显示电路

（4）校时电路。

校时电路的作用是当计时器刚接通电源或时钟走时出现误差时,进行时间的校准。图 4.11 所示是一种实现"时""分""秒"校准的参考电路。

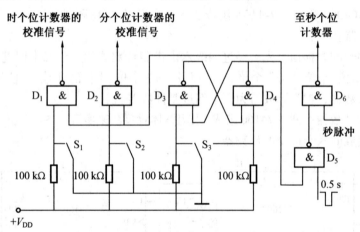

图 4.11　校时控制电路

该电路由三级门电路和三个开关($S_1 \sim S_3$)组成,分别用以实现对"时""分""秒"的校准。开关选择有"正常"（一般为时间显示）和"校准"两挡。开关 S_1、S_2、S_3 分别作为时、分、秒校准控制开关。当 S_1、S_2 闭合,S_3 接 D_3 门的输入端时,$D_1 \sim D_3$ 门的输出均为 1,D_4 门输出为 0,D_5 门输出为 1,秒信号经过 D_6 门送至秒个位计数器的输入端,计数器进行正常计时。

时校准:当开关 S_1 打开、S_2 闭合、S_3 接 D_3 门的输入端时,D_1 门开启,D_2 门关闭,D_3 门的输出为 1,D_4 门输出为 0,D_5 门输出为 1,秒信号直接经 D_6 和 D_1 门送至时个位计数器,从而使时显示电路显示其每秒钟所进的一个数字,以实现快速的时校准,校准后将 S_1 重新闭合。

分校准:当开关 S_1 闭合、S_2 打开、S_3 接 D_3 门的输入端时,D_3 门的输出均为 1,D_4 门输出为 0,D_5 门输出为 1,这时秒信号只能通过 D_6 和 D_2 门直接送至分个位计数器,这时分计数器快速计数,当对分校准后将 S_2 闭合。

秒校准:当开关 S_1、S_2 闭合,S_3 接 D_4 门的输入端时,D_4 门输出为 1,使 D_5 门开启,周期为 0.5 s 的脉冲信号(可由秒脉冲产生电路)通过 D_5、D_6 门送至秒个位计数器,得到秒计数器的校准脉冲。当秒显示校准后,将 S_3 恢复与 D_3 输入端的相接,保证计数器的个位显示器按校准后的时间进行正常计时。

五、设计报告要求

(1) 写明设计题目、设计任务及设计条件。

(2) 画出电路原理图。

(3) 写出设计说明与设计小结。

设计 6　交通灯控制电路设计

一、设计目的

(1) 培养学生综合应用中规模组件的能力。

(2) 使学生掌握设计交通灯控制电路的设计、调试及组装方法。

(3) 提高学生查阅手册及合理选用器件的能力。

二、设计任务及要求

(1) 设计一个主要街道和次要街道十字路口的交通灯控制器。

(2) 主要街道绿灯亮 6 s,黄灯亮 2 s;次要街道绿灯亮 3 s,黄灯亮 1 s。依次循环。在每个入口设置红、黄、绿三色信号灯,红灯亮禁止通行,绿灯亮允许通行,黄灯亮时则给行驶中的车辆有时间停止在禁止线外。

(3) 设计一个信号源电路能产生时钟脉冲信号,控制交通信号灯的持续时间。

三、分析设计任务

当主要街道亮绿灯和黄灯时,次要街道亮红灯,灯亮的时间为 8 s;当次要街道亮绿灯和黄灯时,主要街道亮红灯,灯亮的时间为 4 s。用 MG、MY、MR、CG、CY、CR 分别表示主要街道的绿灯、黄灯、红灯,次要街道的绿灯、黄灯、红灯。秒信号由秒脉冲电路产生,同时作为计数器的时钟信号,计数器的输出(Q_3、Q_2、Q_1、Q_0)作为所设计控制交通灯组合电路的输入信号,组合电路的输出信号控制交通灯亮与灭的情况。

四、设计步骤

(1) 根据设计要求列出交通灯控制器的真值表,见表 4.1。

表 4.1　交通灯控制电路真值表

输　　入				输　　出					
Q_3	Q_2	Q_1	Q_0	MG	MY	MR	CG	CY	CR
0	0	0	0	1	0	0	0	0	1
0	0	0	1	1	0	0	0	0	1
0	0	1	0	1	0	0	0	0	1
0	0	1	1	1	0	0	0	0	1
0	1	0	0	1	0	0	0	0	1
0	1	0	1	1	0	0	0	0	1
0	1	1	0	0	1	0	0	0	1
0	1	1	1	0	1	0	0	0	1
1	0	0	0	0	0	1	1	0	0
1	0	0	1	0	0	1	1	0	0
1	0	1	0	0	0	1	1	0	0
1	0	1	1	0	0	1	0	1	0
1	1	0	0	×	×	×	×	×	×
1	1	0	1	×	×	×	×	×	×
1	1	1	0	×	×	×	×	×	×
1	1	1	1	×	×	×	×	×	×

（2）利用卡诺图化简法或公式化简法获得最简的逻辑表达式。

（3）根据公式直接设计总体的组合电路。

（4）在实验台上搭接实际电路,根据观察的结果,按设计要求修改实际电路直至符合设计要求。

五、供参考选择的仪器与元器件

（1）直流稳压电源:1 台。

（2）集成电路。

74LS161	4 位二进制同步计数器	1 片
74LS00	四 2 输入与非门	2 片
74LS20	双 4 输入与非门	1 片
74LS04	六反相器	1 片
74LS08	四 2 输入非门	1 片

（3）元器件。

石英晶体 4 MHz	1 片
发光二极管	6 只

六、设计报告要求

(1) 写明设计题目、设计任务及设计条件。

(2) 画出电路原理图。

(3) 写出设计说明与设计小结。

附　　录

附录 A　OrCAD PSpice15.7 仿真软件简介

A.1　OrCAD 软件

电路仿真是指在计算机上通过软件来模拟具体电路的实际工作过程。目前,常用的电路分析计算机软件工具包括 Allegro、Matlab、PSpice、Multisim 及 protel DXP 等。电路仿真实验中使用的是 OrCAD PSpice15.7 软件。OrCAD PSpice 15.7 是 OrCAD a Cadence product family 公司于 2006 年推出的 PSpice 最新版,其中包括 3 个主要部分:内置元器件信息系统的原理图输入器(Capture CIS);模拟和混合信号仿真(PSpice A/D) 和其高级分析(PSpice − AA);印刷电路板设计(Layout Plus)。

电路仿真实验主要应用 OrCAD Capture CIS 和 OrCAD PSpice A/D 程序进行电路仿真。PSpice A/D 提供了多种仿真功能,可以对电路进行瞬态分析、稳态分析、时域分析、频域分析、傅里叶分析、灵敏度分析、参数分析、模数混合分析、优化设计等,它可帮助设计者在制作真实电路之前先对它进行仿真,根据仿真运行结果修改和优化电路设计,并测试电路的各种性能参数。当用于实验教学时,PSpice 是一个虚拟的实验台,它几乎完全取代了电路实验中的元件、信号源、示波器和各种仪表,并且建立了良好的人机界面,以窗口和下拉菜单的方式进行人机交流,创建电路和选用元件均可以直接从屏幕图形中选取,操作直观快捷,在它上面,可以做各种电路实验和测试。

运用 OrCAD PSpice A/D 进行电路仿真和分析需四个步骤:

(1) 绘制电路图:在 OrCAD Capture CIS 环境下,以人机交互方式将电路原理图输入计算机。

(2) 设置电路特性分析类型和分析参数。

(3) 运行 PSpice 分析程序:对 OrCAD Capture CIS 中输入的电路进行仿真运算。

(4) 观测、分析仿真结果:把 PSpice 程序运行后得到的结果,以图文的形式显示出来。

以下将简要介绍电路仿真的基本过程。

A.2　绘制电路原理图

电路原理图的绘制是电路仿真分析的第一步。OrCAD PSpice 15.7 调用内置的元器件高级文档管理系统软件 OrCAD Capture CIS 生成电路图。绘制电路原理图包括如下四个步骤。

1. 进入 OrCAD Capture CIS 电路图编辑窗口

按 **开始** 按钮，选择"所有程序 /OrCAD 15.7 Demo"，点击"OrCAD Capture CIS Demo"，或在桌面双击 图标，即可进入 OrCAD Capture CIS 主界面，如附图 1 所示。

附图 1　OrCAD Capture CIS 主界面

打开菜单"File/New Project"，则出现"New Project"对话框，如附图 2 所示。

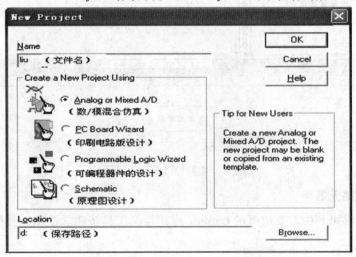

附图 2　"New Project"对话框

附图2对话框中,需在Name中键入所绘制电路图名称(例:liu),电路图名称可由英文字符串或数字组成,不能存在汉字。"Create a New Project Using"中有4个选项,实验中选择"Analog or Mixed A/D",表示绘制电路图后直接进行电路仿真。"Location"项中应填入存储路径(例如d:)。点击"OK"按钮,出现绘图窗口选择对话框,如附图3所示。

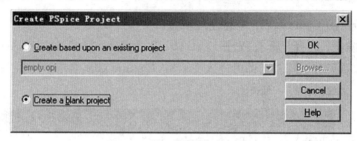

附图3　绘图窗口选择对话框

选择"Create a blank project",表示建立一个新的绘图窗口,点击"OK"按钮后,出现电路原理图输入界面,如附图4所示。

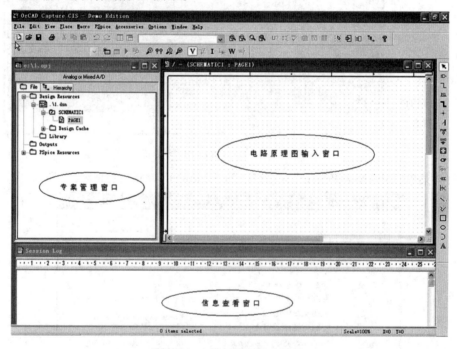

附图4　电路原理图输入界面

2. 放置电路元器件

放置元器件可利用右侧边框的Capture专用绘图工具按钮。绘图工具按钮功能简介见附表1。

附表1　绘图工具按钮功能简介

序号	按钮	功　能	序号	按钮	功　能
1		选择	11		放置端口信号标识符
2		放置元器件	12		放置电路方块图引出端
3		放置连接线路导线	13		放置电路端口连接符
4	N1	放置节点标号	14		放置电路端点不连接符号
5		放置连接总线	15		绘制无电气属性的直线
6		放置接点	16		绘制无电气属性的折线
7		放置总线引入线	17		绘制无电气属性的矩形
8	PHR	放置电源	18		绘制无电气属性的椭圆
9	GND	放置地	19		绘制无电气属性的圆弧
10		放置电路方块图	20	A	添加文本文字

（1）添加元器件库。

按放置元器件按钮，进入选取元器件对话框，如附图5所示。

附图5　选取元器件对话框

添加元器件库可点击附图5的"Add Library"按钮，屏幕上显示附图6所示的文件打开对话框，其中列出了 Capture 提供的库文件清单，从中选取所需的库文件，按"打开"按钮,即将选中的库文件添加至库文件选择区中。

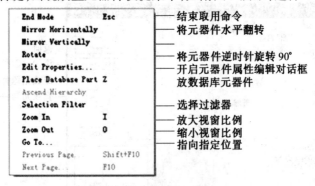

附图6　库文件选取对话框

（2）放置元器件。

在 Libraries 库文件选择区里选择元器件所在的库,然后在元器件选择区选取元件,按"OK"按钮,该元件即被调至绘制电路图界面中。用鼠标拖动元件,点击左键可将元件放在合适位置,这时继续移动光标,还可放在其他位置。

结束元器件放置,有如下方法可供选择:

① 按"ESC"键。

② 点击绘图工具按钮▣。

③ 点击鼠标右键,出现放置元器件快捷菜单,如附图7所示,选择"End Mode"。

End Mode	Esc	—— 结束取用命令
Mirror Horizontally		—— 将元器件水平翻转
Mirror Vertically		
Rotate		—— 将元器件逆时针旋转90°
Edit Properties...		—— 开启元器件属性编辑对话框
Place Database Part	Z	—— 放数据库元器件
Ascend Hierarchy		
Selection Filter		—— 选择过滤器
Zoom In	I	—— 放大视窗比例
Zoom Out	O	—— 缩小视窗比例
Go To...		—— 指向指定位置
Previous Page.	Shift+F10	
Next Page...	F10	

附图7　放置元器件快捷菜单

在放置元器件之前,还可用附图7所示的快捷菜单对元器件进行旋转。如果想删除某个元件,用鼠标左键点击该元件,使其处于选中状态(此时元件颜色变为粉红色,并有一虚框),按"Delete"键可删除,也可点击鼠标右键选择"Cut"或"Delete"命令删除。

3. 连接线路与布图

放置好的元器件,需用导线将它们连接起来,并放置节点名和接地符号,最后组成一张满足实验要求的电路原理图。

（1）导线的连接。

在 Capture 中，元器件的接脚上都有一个小方块，表示连接线路的地方，点击工具按钮 ⎍，光标将变成十字状。将光标指向所要连接电路的端点，按鼠标左键，再移动光标，即可拉出一条线，当到达所要连接电路的另一端时，再按鼠标左键，便可完成一段走线。

（2）设置节点名。

点击工具按钮 N1，则屏幕出现"Place Net Alias（节点别名设置）"对话框，如附图 8 所示。在 Alias 栏中键入节点名（例如 N1），按"OK"按钮。设置完成后，光标箭头处附有一矩形框，光标移至节点后，点击鼠标左键，节点名即被放在电路节点处；光标移至下一节点，再点击鼠标左键，另一节点名（N2）又被放置在该点处。

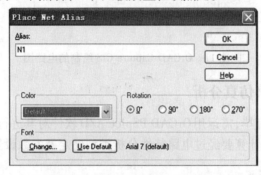

附图 8　"Place Net Alias"对话框

（3）取放接地符号。

调用 OrCAD PSpice15.7 进行电路仿真分析时，电路中必须有一个电位为零的接地点，否则被认为出错。选取接地符号可按绘图工具 ⏚，屏幕上出现"Place Ground"对话框如附图 9 所示，从 SOURCE 库中选取"0"，按放置元器件的方法放入电路中即可。

4. 改变电路元器件的属性参数

从元件库中选取的元器件，各元件值均采用缺省值，例如电阻值均为 1 kΩ。同时每个元件按类别及顺序自动编号（如 R_1、R_2），实验中需按电路图的要求进行修改。元器件属性参数的修改，可双击待修改电路元件，在属性参数编辑器中进行。

若想只修改某一项参数，例如只改电阻值，则双击该电阻值，屏幕出现单项参数编辑修改对话框，如附图 10 所示，将 Value 框中的值改为所要求的值。修改完成后，按"OK"按钮。

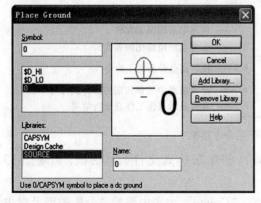

附图 9　"Place Ground"对话框

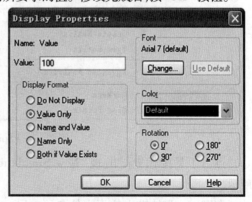

附图 10　单项参数编辑修改对话框

至此,完成了电路图绘制工作,将绘制好的电路图存盘。附图11是用OrCAD Capture CIS 绘制的一张电路图。

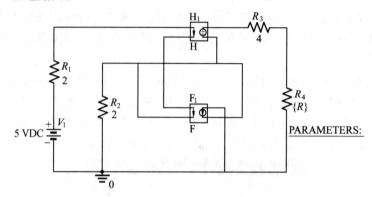

附图11   OrCAD Capture CIS 绘制的电路图

A.3   直流电路仿真分析

仿真电路图绘制完毕,需运用OrCAD PSpice A/D软件对其进行仿真分析计算。对于不同的电路,仿真分析计算要经过电路特性分析类型确定及参数设置、仿真计算和仿真结果分析三个阶段。

直流电路常采用的 PSpice 分析类型有直流工作点分析和直流特性扫描分析。

1.直流工作点分析(Bias Point)

直流工作点分析是计算电路的直流偏置量,包括计算各节点电压、支路电流和总功耗等。

(1)设置电路特性分析类型及参数。

在 OrCAD Capture CIS 绘图窗口执行 PSpice 主命令,屏幕显示出 PSpice 菜单如附图12 所示,图中左侧的图标是 PSpice 各命令对应的工具按钮。

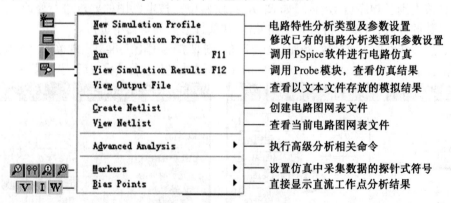

附图12   PSpice 主命令菜单

点击工具按钮，出现"New Simulation"(创建新仿真文件)对话框,如附图13所示。

在"Name"处键入仿真文件名(如 dc),点击"Create",出现电路特性分析类型及参数设置对话框。在"Analysis type"栏中选择"Bias Point"，"Options"栏中选"General Settings"（默认选项），在"Output File Options"栏中选"Include detailed bias point information for nonlinear controlled sources and semiconductors"，按"确定"，即完成直流工作点分析设置。

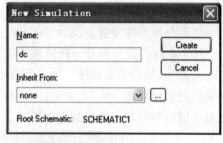

（2）电路仿真分析及分析结果的输出。

设置分析参数后，按工具图标▶，运行 PSpice 仿真程序。若电路检查正确，则出现 PSpice 执行窗口，仿真结束后，PSpice 自动调用结果后处理模块 Probe 显示分析结果。对于直流工作点分析，当在 Capture 主命令菜单中分别点击工具图标 V 、 I 、 w 时，则电路各个节点电压、支路电流和各元器件上的直流功率损耗可在电路图上相应位置自动显示。

2. 直流特性扫描分析（DC Sweep）

直流特性扫描分析又称 DC 分析，它的作用是：当电路中某一参数（称为自变量或扫描变量）在一定范围内变化时，对自变量的每一个取值，计算电路的节点电压和支路电流（称为输出变量）。

（1）设置电路特性分析类型及参数。

直流特性扫描分析参数设置框如附图 14 所示。在"Analysis type"栏中选"DC Sweep"，"Options"框内选择"Primary Sweep"。"Sweep variable"中可选作为扫描变量的参数有 5 种，即 Voltage source（独立电压源）、Current source（独立电流源）、Global parameter（通用参数）、Model parameter（模型参数）、Temperature（温度），实验中应根据电路需要进行选择。

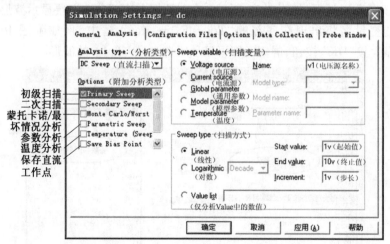

附图14　直流特性扫描分析参数设置框

当扫描变量确定后，"Name"（扫描变量名）项需键入与扫描变量一致的变量名称。附图 14 中表示以电压源 V1 作为扫描变量。Linear 表示扫描变量按线性方式均匀变化，DC 分析常用此方式，其右侧 Start、End 和 Increment 为扫描变量的起始值、终点值和变化步长。附

图 14 中键入的"1 V、10 V、1 V"表示电压源 V1 从 1 ～ 10 V 做线性变化,步长为 1 V。

仿真分析参数设置正确后,按"确定"按钮。

(2) 电路仿真分析及分析结果的输出。

点击▶,运行仿真程序。如电路图绘制正确,仿真参数设置合理,会自动出现 Probe 结果后处理模块显示窗口,如附图 15 所示。Probe 窗口中包括波形显示窗口、仿真过程信息显示窗口和电路仿真参数设置窗口。

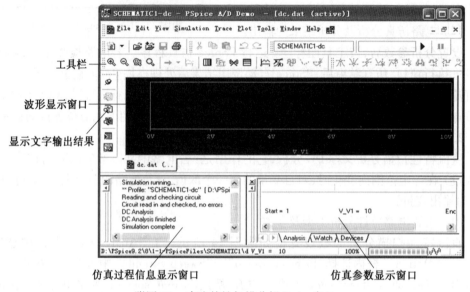

附图 15　直流特性扫描分析 Probe 窗口

直流特性扫描分析结果可用波形输出方式显示。按工具按钮⊬,屏幕出现仿真结果"输出变量列表"对话框,如附图 16 所示。在对话框左边部分选取要显示波形的变量名,则被选中的变量名将出现在底部的"Trace Expression"框中,例如附图 16 选择的是 V(n1) 变量。按"OK"按钮,屏幕上即可显示所选变量 V(n1) 的波形。

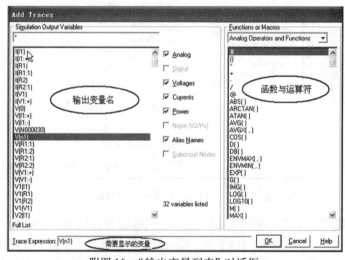

附图 16　"输出变量列表"对话框

删除全部波形可选菜单"Trace/Delete"，"Trace/Undelete"命令可以恢复删除的信号波形。若想只删除一个波形，需将该波形选中(左键点击变量名)，按键盘"Delete"键。

Probe还可以在PSpice分析之前就确定要显示的信号，即在绘制电路图时放置波形显示标识符Marker(又称探针)。仿真结束后，自动显示电路图中所有Marker符号所指节点和支路处的信号波形。

放置方法：使用快捷工具按钮，调出相应波形显示标识符，按绘制电路图中放置元器件的方法放置。实验中常用几种波形显示标识符的功能见附表2。

附表2　常用波形显示标识符的功能

快捷工具	名称	含义	放置位置
	Voltage Level	显示节点电压波形曲线	电路节点、线路或元器件管脚
	Voltage Differential	显示两节点电位差波形曲线	电路节点、线路或元器件管脚
	Current Into Pin	显示支路电流波形曲线	元器件管脚
	Power Dissipation	显示元器件功耗波形曲线	元器件上

A.4　交流电路仿真分析

交流电路采用的PSpice分析类型是交流频率特性分析，又称AC分析。AC分析是一种频域分析方法，能够计算出电路的幅频响应和相频响应。AC分析所对应的信号源必须为独立交流电源VAC或IAC。

1. 设置电路特性分析类型及参数

AC分析参数设置框如附图17所示。

附图17　AC分析参数设置框

在分析类型"Analysis type"栏中选择"AC Sweep/Noise"，附加分析类型"Options"框

中选"General Settings"（默认选项）。扫描类型"AC Sweep Type"下的"Linear"和"Logarithmic"用于确定扫描频率变化方式。线性方式"Linear"设置中"Start"（取值必须大于0）、"End"和"Points"为频率变化的起始值、终止值和扫描频率点的个数。对数方式"Logarithmic"中，其下方列表中"Octave"表示频率按2倍增量扫描，"Decade"表示频率按10倍增量扫描。实验中常用的方式为"Decade"。

"Points/Decade"用于确定每10倍频变化的取值点数。附图17的设置表示频率在1 kHz～1 MHz变化，每10倍频计算10个点，即从1 kHz—10 kHz—100 kHz—1 MHz分3个区间，每个区间计算10个点。

2.电路仿真分析及分析结果的输出

AC分析的仿真运行方法与DC相同，AC分析完成后，输出变量的默认值是有效值。

A.5　动态电路的时域分析

PSpice可对动态电路进行瞬态特性分析（或称TRAN）。瞬态特性分析就是求电路的时域响应。瞬态特性分析的扫描变量是时间，与示波器相似，分析结果可以用Probe模块分析显示结果信号波形。

1.设置瞬态特性分析参数

TRAN分析参数设置框如附图18所示。在"Analysis type"栏中选择"Time Domain (Transient)"，Options中选择"General Settings"（默认选项）。

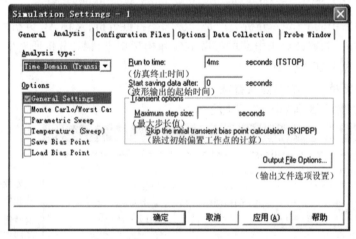

附图18　TRAN分析参数设置框

2.电路仿真分析及分析结果的输出

TRAN分析的仿真运行方法与DC、AC相同，其仿真分析结果常以波形输出方式显示。

3.电源参数设置

正如实际测试电路一样，瞬态分析需要在电路中设置电源。PSpice软件为瞬态分析提供了专用激励信号源，分析中输入端只能加这些电源。实验中常用的脉冲源的设置方法有VPULSE和IPULSE两种，图形符号如附图19所示。电源选定后，可直接在绘图界面进行参数设置,也可双击电源符号,在属性编辑栏中设置。各参数意义见附表3。按附图20 所示属性编辑器设置参数的 VPULSE 波形如附图21 所示。

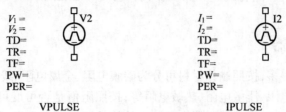

VPULSE   IPULSE

附图 19　脉冲源图形

附表 3　脉冲源的属性参数

参　　数	含　　义	单　　位
I_1 或 V_1	起始值	A 或 V
I_2 或 V_2	脉冲值	A 或 V
PER	脉冲周期	s
PW	脉冲宽度	s
TD	延迟时间	s
TR	上升时间	s
TF	下降时间	s

PSpiceOnly	Reference	Value	AC	DC	Location X-	Location Y-	PER	PW	Source Part	TD	TF	TR	V1	V2
TRUE	V1	VPULSE			250	240	2m	1m	VPULSE.Nor	0.1m	0.2m	0.2m	0	4

附图 20　VPULSE 属性设置框

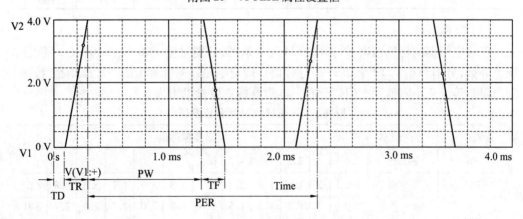

附图 21　VPULSE 波形

附录 B　常用电子元器件

B.1　电阻器

电阻器的种类很多,按照制作材料可分为碳膜电阻、金属电阻、线绕电阻等;按照电阻的特性可分为光敏电阻、压敏电阻、热敏电阻等;按照阻值是否可变可分为固定电阻与可变电阻,但不管是什么种类的电阻器在电路中的符号都是用 R 表示,单位为 Ω。

1. 电阻器的参数

电阻器的参数主要有标称功率、标称阻值、容许误差等级、最大工作电压、温度系数等。

（1）标称功率。

电阻体通过电流后就要发热,温度太高就要烧毁。根据电阻器制造材料和使用环境,对电阻器的功率损耗要有一定的限制,即确保其安全工作的功率值,这就是电阻的标称功率。

电阻器的功率等级见附表4,厂家也经常生产非标准功率等级的电阻器。绕线电阻器一般将功率等级印在电阻器上,其他电阻器一般不标注功率值。

附表 4　电阻器的功率等级

名称	标称功率/W					
实心电阻器	0.25	0.5	1	2	5	
线绕电阻器	0.5	1	2	6	10	15
	25	35	50	75	100	150
薄膜电阻器	0.025	0.05	0.125	0.25	0.5	1
	2	5	10	25	50	100

（2）标称阻值。

普通电阻器的标称值有E6、E12、E24三个系列,分别对应 ±20% 、±10% 、±5% 三个误差等级,分别有 6 个、12 个和 24 个标称值。确定电阻器的标称值的一般原则是,按照一定的误差等级从小阻值到大阻值分布。电阻器标称值参见附表5。

附表 5　E6/E12/E24 标称值系列

系列代号	容许误差	电阻器标称值											
E6	±20%	1.0	1.5	2.2	3.3	4.7	6.8						
E12	±10%	1.0	1.2	1.5	1.8	2.2	2.7	3.3	3.9	4.7	5.6	6.8	8.2
E24	±5%	1.0	1.1	1.2	1.3	1.5	1.6	1.8	2.0	2.2	2.4	2.7	3.0
		3.3	3.6	3.9	4.3	4.7	5.1	5.6	6.2	6.8	7.5	8.2	9.1

（3）最大工作电压。

最大工作电压是指电阻器不发生击穿、放电等有害现象时,其两端所允许加的最大工作电压 U_m。由标称功率和标称阻值可计算出一个电阻器在达到满功率时,两端所允许加的电压 U_p。实际应用时,电阻器两端所加的电压既不能超过 U_m,也不能超过 U_p。

（4）温度系数。

温度的变化会引起电阻值的变化,温度系数是温度每变化 1 ℃ 产生的电阻值的变化量与标准温度下(一般为 25 ℃)的电阻值之比,单位为 ℃$^{-1}$。温度系数表达式为

$$\alpha = \frac{1}{R_{25}} \frac{\Delta R}{\Delta T}$$

温度系数可正(PTC)、可负(NTC),可能是线性的、也可能是非线性的。

2. 电阻器的标称值及精度色环标志法

色环标志法是用不同颜色的色环在电阻器表面标称阻值和允许偏差。

（1）两位有效数字的色环标志法。

普通电阻器用四条色环表示标称阻值和允许偏差,其中第1与第2环代表电阻阻值的有效数字,第3环代表倍率,第4环代表允许偏差,如附图22所示。色环颜色的规定见附表6。

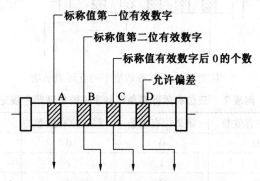

附图22　两位有效数字的四环表示法

附表6　两位有效数字色环标志法的色环颜色规定

颜色	第1位有效数	第2位有效数	倍率	允许偏差
黑	0	0	10^0	
棕	1	1	10^1	
红	2	2	10^2	
橙	3	3	10^3	
黄	4	4	10^4	
绿	5	5	10^5	
蓝	6	6	10^6	
紫	7	7	10^7	
灰	8	8	10^8	
白	9	9	10^9	+ 50% − 20%
金			10^{-1}	±5%
银			10^{-2}	±10%
无色				±20%

（2）三位有效数字的色环标志法。

精密电阻器用五条色环表示标称阻值和允许偏差,其中第1环、第2环与第3环代表电阻阻值的有效数字,第4环代表倍率,第5环代表允许偏差,如附图23所示。色环颜色的规定见附表7。

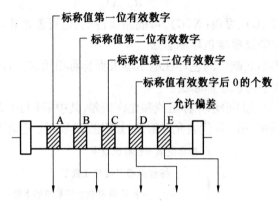

附图23　三位有效数字的五环表示法

附表7　三位有效数字色环标志法的色环颜色规定

颜色	第1位有效数	第2位有效数	第3位有效数	倍率	允许偏差
黑	0	0	0	10^0	
棕	1	1	1	10^1	±1%
红	2	2	2	10^2	±2%
橙	3	3	3	10^3	
黄	4	4	4	10^4	
绿	5	5	5	10^5	±0.5%
蓝	6	6	6	10^6	±0.25%
紫	7	7	7	10^7	±0.1%
灰	8	8	8	10^8	
白	9	9	9	10^9	
金				10^{-1}	
银				10^{-2}	

示例:

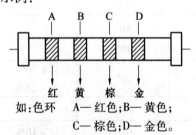

红　黄　棕　金

如:色环　A—红色;B—黄色;
　　　　C—棕色;D—金色。
则该电阻标称值及精度为
$24 \times 10^1 = 240(\Omega)$　精度:±5%

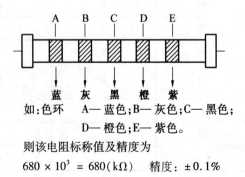

蓝　灰　黑　橙　紫

如:色环　A—蓝色;B—灰色;C—黑色;
　　　　D—橙色;E—紫色。
则该电阻标称值及精度为
$680 \times 10^3 = 680(k\Omega)$　精度:±0.1%

B.2　电容器

电容器由两个金属极板,中间夹有绝缘材料(介质)构成。电容器在电路中具有隔直流电、通过交流电的作用,因此常用于级间耦合、滤波、去耦、旁路及信号调谐等场合。

1. 电容器的型号

电容器按结构有固定电容器、可变电容器和微调电容器之分。电容器的品种繁多,其型号由四部分组成。第一部分字母C代表电容器;第二部分代表介质材料;第三部分表示结构类型和特征;第四部分为序号,见附表8和附表9。

附表8　电容器的型号及意义

第一部分	第二部分介质材料		第三部分结构类型和特征		第四部分
	符号	意义	符号	意义	
主称C	C	高频瓷	G	高功率	数字
	T	低频瓷	W	微调	
	I	玻璃釉	1		
	O	玻璃膜	2		
	Y	云母	3		
	Z	纸介质	4		
	J	金属化纸介质	5		
	B	聚苯乙烯等非极性有机薄膜	6		
	L	涤纶等有极性有机薄膜	7		
	Q	漆膜	8		
	H	纸膜复合介质	9		
	D	铝电解电容			
	A	钽电解电容			
	N	铌电解电容			
	G	金属电解电容			
	E	其他材料电解电容			

附表9　电容器型号第四部分数字的含义

名称	1	2	3	4	5	6	7	8	9
瓷介电容器	圆片	管形	叠片	独石	穿心	支柱管		高压	
云母电容器	非密封	非密封	密封	密封				高压	
有机电容器	非密封	非密封	密封	密封	穿心			高压	特殊
电解电容器	箔式	箔式	烧结粉液体	烧结粉固体		无极性			特殊

2. 电容器的主要特性指标

（1）电容器的耐压。

每个电容器都有它的耐压值,耐压值是指长期工作时,电容器两端所能承受的最大安全工作直流电压。普通无极性电容器的标称耐压值有 63 V、100 V、160 V、250 V、500 V、630 V、1 000 V 等,有极性电容的耐压值相对无极性电容的耐压值要低,一般的标称耐压值有 1.6 V、4 V、6.3 V、10 V、16 V、35 V、50 V、63 V、80 V、100 V、220 V、400 V 等。

（2）电容器的漏电电阻。

电容器两极之间的介质不是电导率为零的绝缘体,其阻值不可能无限大,通常在 1 000 MΩ 以上。电容器两极之间的电阻定义为电容器的漏电电阻。漏电电阻越小,电容器漏电越严重,漏电会引起能量的损耗,这种损耗不仅影响电容器的寿命,而且会影响电路的正常工作,因此电容器的漏电电阻越大越好。

（3）电容器的标称容量值。

电容器标称容量值的表示方法有直接表示法、数码表示法和色码表示法。

① 直接表示法。

直接表示法通常使用表示数量级的字母,如 μ、n、p 等加上数字组合而成的。例如,4n7 表示 4.7×10^{-9} F = 4 700 pF,47n 表示 47×10^{-9} F = 47 000 pF,6p8 表示 6.8 pF。另外,有时在数字前冠以 R,如 R33,表示 0.33 μF。有时用大于 1 的数字表示,单位为 pF,如 2 200,则为 2 200 pF;有时用小于 1 的数字表示,单位为 μF,如 0.22,则为 0.22 μF。

② 三位数码表示法。

三位数码表示法一般用三位数字来表示容量的大小,单位为 pF。前两位为有效数字,后一位表示倍率,数字是几就加几个零,但第三位数字是 9 时,则对有效数字乘以 0.1。如 104 表示 100 000 pF,223 表示 22 000 pF,479 表示 4.7 pF。

③ 色码表示法。

色码表示法与电阻器的色环表示法类似,颜色涂在电容器的一端或从顶端向另一侧排列。前两位为有效数字,第三位为倍率,单位为 pF。有时色环较宽,如红红橙,两个红色环涂成一个宽的,表示 22 000 pF。

电容器标称容量系列见附表 10。

附表 10 固定电容器的标称容量系列

名 称	允许偏差	容量范围	标称容量系列
瓷介电容器	±5%	100 pF ~ 1 μF	1.0,1.5,2.2,
金属化纸介电容器	±10%		3.3,4.7,6.8,
纸膜复合介质电容器		1 ~ 100 μF	1,2,4,6,8,10,
低频(有极性)有机薄膜介质电容器	±20%		15,20,30,50,60,80,100
高频(无极性)有机薄膜介质电容器	±5%		E24
瓷介电容器	±10%		E12
玻璃釉电容器	±20%		E6

续附表 10

名　称	允许偏差	容量范围	标称容量系列
云母电容器	± 20% 以上		E6
铝钽、铌电解电容器	± 10% ± 20% + 50% － 20% + 100% － 10%		1,1.5,2.2, 3.3,4.7,6.8 （容量单位为 μF）

附表 10 中标称电容量为表中的数值乘以10^n,其中 n 为正整数或负整数。

B.3　二极管

二极管是一个 PN 结加上相应的电极引线及管壳封装而成的,二极管有两个电极,分为正负极,极性一般标示在二极管的外壳上,大多数由一个不同颜色的环来表示负极,有的直接标上“－”号。

1. 二极管的分类

二极管的类别很多,主要包括检波二极管、整流二极管、高频整流二极管、整流堆、整流桥、变容二极管、开关二极管、稳压二极管、阶跃二极管和隧道二极管等。高频小电流的二极管一般为点接触型的,大电流的为面接触型的,大电流的二极管在工作时还要加散热器。

2. 二极管的主要参数

二极管的参数很多,对于不同的二极管,其参数的侧重面也有所不同。

I_F 为正向整流电流,也称正向直流电流。手册上一般给出的是正向额定整流电流,在电阻负载条件下,它是单向脉动电流的平均值。I_F 的大小随二极管的品种而异,且差别很大,小的十几毫安,大的几千安培。

I_R 为反向电流,也称反向漏电流。反向电流是二极管加反向电压,但没有超过最大反向耐压时,流过二极管的电流。I_R 一般在微安级以下,大电流二极管一般也在毫安级以下。

U_{RM} 为最大反向耐压,也称最大反向工作电压。二极管加反向电压,发生击穿时的电压称为击穿电压,最大反向耐压一般是击穿电压的$1/2 \sim 2/3$。最大反向耐压一般在型号中用后缀字母表示(第五部分),也有用色环表示的。

I_{FSM} 为浪涌电流,是指瞬间流过二极管的最大正向单次峰值电流,一般要比 I_F 大几十倍。手册上给出的浪涌电流一般为单次,即不重复正向浪涌电流,有时也给出若干次条件下的浪涌电流。

U_F 为正向压降,是在规定的正向电流条件下,二极管的正向电压降,它反映了二极管正向导电时正向电阻的大小和损耗的大小。

t_{re} 为反向恢复时间,是从二极管所加的正向电压变为反向电压的时刻开始,到二极管恢复反向阻断的时间(当反向电流降低到最大反向电流 10% 的时间)。

3. 实验中将用到的二极管的主要参数

(1) 整流二极管 1N4007。

整流二极管 1N4007 的负极侧用一银色色环标识,其主要参数为:额定整流电流 I_F = 1 A,正向压降最大值为 1.1 V,反向电流为 5 μA,最大反向耐压为 1 000 V。

(2) 开关二极管 1N4148。

开关二极管 1N4148 的型号标识在外壳上,并用一黑色的色环标识负极,其主要参数为:最大正向电流为 200 mA,最大反向电压为 100 V,正向压降小于等于 1 V,反向恢复时间为 5 ns。

(3) 稳压二极管 2DW234。

该稳压管内部有两只稳压管,负极连在一起,为一个引脚,两个正极分别引出,共三个引脚。识别方法为:将器件的引脚朝向自己,在外封装上会看到一个小的突出部位,从它顺时针数起,1、2 引脚分别为它的两个阳(正)极,第三引脚为公共阴(负)极。其主要参数:稳定电压为 6.0 ~ 6.5 V,最大工作电流为 30 mA,动态电阻约 10 Ω。一般的稳压管,带有色环的一侧为负极。

参 考 文 献

[1] 廉玉欣.电子技术基础实验教程[M].北京:机械工业出版社,2010.
[2] 齐凤艳.电路实验教程[M].北京:机械工业出版社,2010.
[3] 王宇红.电工学实验教程[M].北京:机械工业出版社,2010.
[4] 孟涛.电工电子 EDA 实践教程[M].北京:机械工业出版社,2010.
[5] 余孟尝.数字电子技术基础简明教程[M].北京:高等教育出版社,2006.
[6] 韩明武.电工学实验[M].北京:高等教育出版社,2003.
[7] 殷瑞祥,樊利民.电工电子技术实践教程[M].北京:机械工业出版社,2007.
[8] 黄大刚.电路基础实验[M].北京:清华大学出版社,2008.

参考文献